GEOSCAPE JAPAN

ジオスケープ・ジャパン

地形写真家と巡る絶景ガイド

竹下光士

Mitsushi TAKESHITA

山と溪谷社

GEOSCAPE JAPAN
CONTENTS
目次

全図 …… 4
GEOSCAPEを楽しむための基礎知識 …… 6
01 白ひげの滝（北海道美瑛町）…… 14
02 アトサヌプリ（北海道弟子屈町）…… 18
03 アポイ岳（北海道様似町）…… 22
04 仏ヶ浦（青森県佐井村）…… 26
05 桃洞の滝（秋田県北秋田市）…… 30
06 鵜ノ崎海岸（秋田県男鹿市）…… 34
07 ハイペ海岸の津波石（岩手県田野畑村）…… 38
08 蔵王連峰（宮城県蔵王町）…… 42
09 佐渡島の潜岩（新潟県佐渡市）…… 46
10 佐渡島の平根崎（新潟県佐渡市）…… 50
11 田塚鼻のスランプ構造（新潟県柏崎市）…… 54
12 谷川岳の一ノ倉沢（群馬県みなかみ町）…… 58
13 袋田の滝（茨城県大子町）…… 62
14 大芦川の虎岩（栃木県鹿沼市）…… 66
15 奥日光（栃木県日光市）…… 70
16 長瀞の変成岩（埼玉県長瀞町）…… 74

17 三浦半島の三崎層（神奈川県横須賀市・三浦市）— 78
18 かんのん浜のポットホール（静岡県伊東市） 82
19 伊豆半島（静岡県西伊豆町） 86
20 富士山宝永火口（静岡県御殿場市） 90
21 横川の蛇石（長野県辰野町） 94
22 槍・穂高連峰（長野県松本市） 98
23 燕岳（長野県安曇野市） 102
24 立山室堂（富山県立山町） 106
25 東尋坊（福井県坂井市） 110
26 鎧岳（奈良県曽爾村） 114
27 那智の滝（和歌山県那智勝浦町） 118
28 橋杭岩（和歌山県串本町） 122
29 滝の拝（和歌山県古座川町） 126
30 帝釈峡の雄橋（広島県庄原市） 130
31 鳥取砂丘（鳥取県鳥取市） 134
32 知夫里島の赤壁（島根県知夫村） 138
33 青海島の幕岩（山口県長門市） 142
34 秋吉台（山口県美祢市） 146
35 須佐のホルンフェルス（山口県萩市） 150
36 阿波の土柱（徳島県阿波市） 154
37 面河渓（愛媛県久万高原町） 158
38 室戸岬（高知県室戸市） 162
39 竜串海岸と見残し海岸（高知県土佐清水市） 166
40 七ツ釜（佐賀県唐津市） 170
41 九十九島（長崎県佐世保市） 174
42 阿蘇山（熊本県阿蘇市） 178
43 御輿来海岸（熊本県宇土市） 182
44 鵜戸神宮の砂岩（宮崎県日南市） 186
45 うのこの滝（宮崎県五ヶ瀬町） 190
46 鬼の洗濯板（宮崎県宮崎市） 194
47 桜島（鹿児島県鹿児島市） 198
48 屋久島（鹿児島県屋久島町） 202
49 嘉陽層の褶曲（沖縄県名護市） 206
50 古宇利島のハートロック（沖縄県今帰仁村） 210
51 宮古島のティダガー（沖縄県宮古島市） 214
用語解説図集 218
地形を撮るということ 222

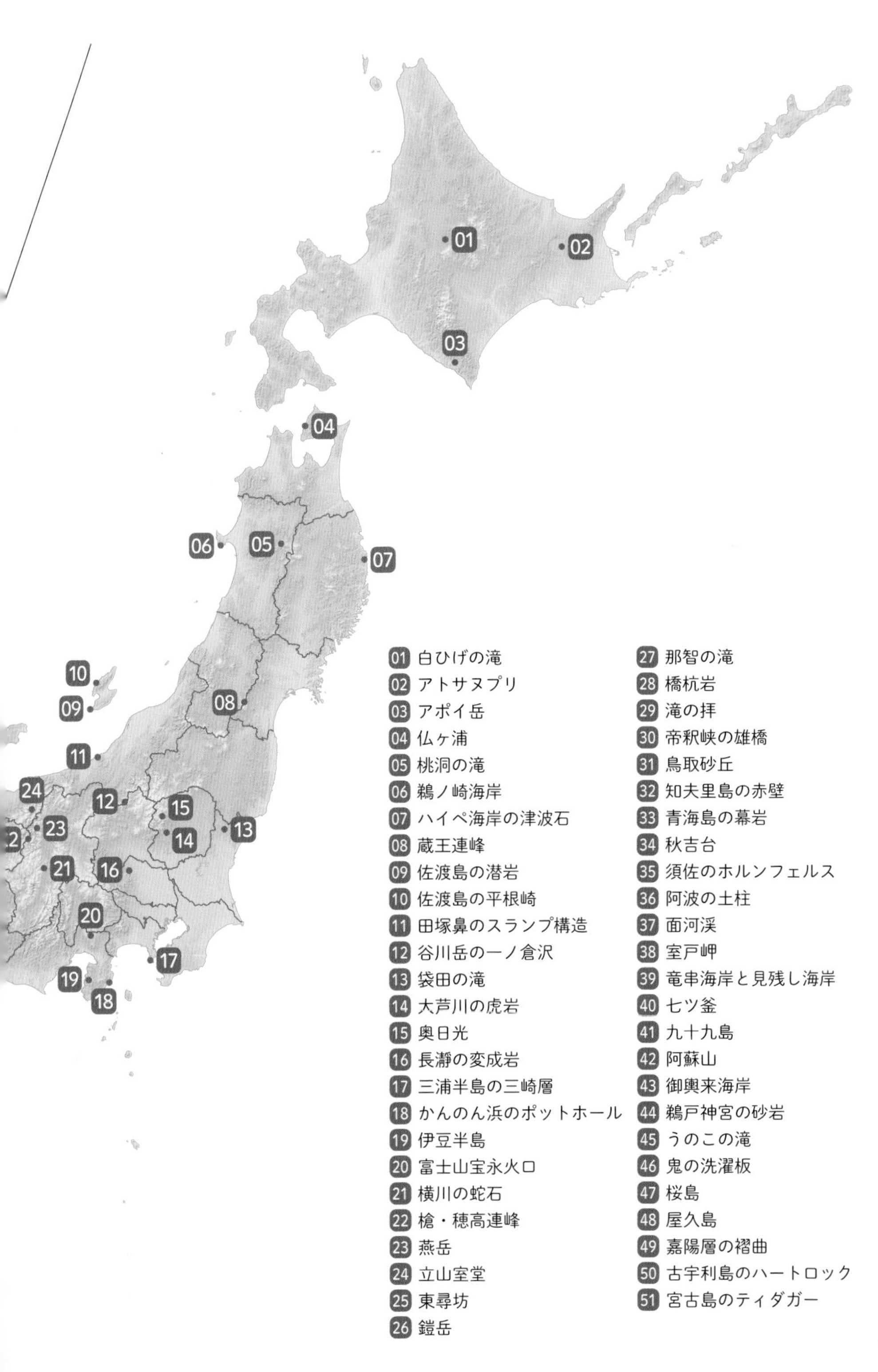
01
02
03
04
05
06
07
08
09
10
11
12
13
14
15
16
17
18
19
20
21
23
24
01 白ひげの滝
02 アトサヌプリ
03 アポイ岳
04 仏ヶ浦
05 桃洞の滝
06 鵜ノ崎海岸
07 ハイペ海岸の津波石
08 蔵王連峰
09 佐渡島の潜岩
10 佐渡島の平根崎
11 田塚鼻のスランプ構造
12 谷川岳の一ノ倉沢
13 袋田の滝
14 大芦川の虎岩
15 奥日光
16 長瀞の変成岩
17 三浦半島の三崎層
18 かんのん浜のポットホール
19 伊豆半島
20 富士山宝永火口
21 横川の蛇石
22 槍・穂高連峰
23 燕岳
24 立山室堂
25 東尋坊
26 鎧岳
27 那智の滝
28 橋杭岩
29 滝の拝
30 帝釈峡の雄橋
31 鳥取砂丘
32 知夫里島の赤壁
33 青海島の幕岩
34 秋吉台
35 須佐のホルンフェルス
36 阿波の土柱
37 面河渓
38 室戸岬
39 竜串海岸と見残し海岸
40 七ツ釜
41 九十九島
42 阿蘇山
43 御輿来海岸
44 鵜戸神宮の砂岩
45 うのこの滝
46 鬼の洗濯板
47 桜島
48 屋久島
49 嘉陽層の褶曲
50 古宇利島のハートロック
51 宮古島のティダガー

GEOSCAPE JAPAN 全図

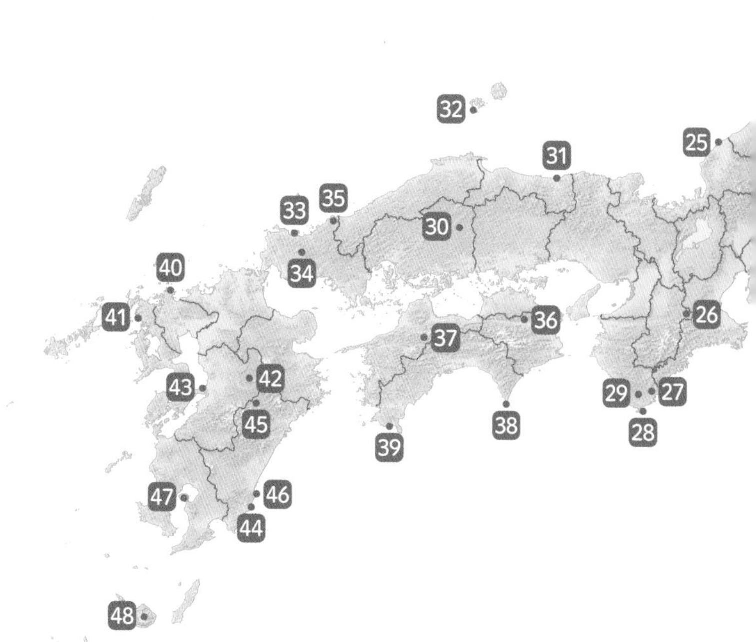

GEOSCAPEを楽しむための基礎知識

日本列島の下 プレートについて

地球の表面は、大小合わせて約十数枚の「プレート」と呼ばれる硬い岩盤によって覆われています。具体的な数字が示せないのは、研究者によってその区分けが違うからです。プレートは、長い時間をかけて少しずつ動いています。このことがわかってから、火山の噴火や地震の発生など、地球上で起こるさまざまな現象が容易に説明できるようになりました。このような考え方を「プレートテクトニクス」と呼んでいます。

ではプレートとは何でしょう。地球の表面を覆う岩盤という言葉のイメージから「プレート＝地殻」と思いがちですが、そうではありません。地殻とマントル最上部の硬い層を合わせたものがプレートです。またプレートは、「大陸プレート」と「海洋プレート」に分かれます。大陸プレートをつくる地殻はおもに花崗岩からできており、約20～70㎞の厚みがあります。標高の高い山の地殻は、バランスを取るためにより厚くなっています。海洋プレートの地殻はおもに玄武岩からできており、その厚さは約7㎞と均一です。海嶺で生まれたばかりの海洋地殻は海底を移動するうちに徐々に冷めてきますが、これに接していたマントル最上部の温度も下がっていきます。マントルが冷えると硬い岩盤に変化し、プレートの一部となります。すなわち海洋地殻が冷えるにつれて海洋プレートの厚みは増していくのです。日本海溝に沈む太平洋プレートの厚みは約90㎞にもなります。

では大陸プレートと海洋プレートが衝突するとどうなるでしょう。それぞれの地殻を構成する花崗岩と玄武岩の重さを比べると、玄武岩の方がはるかに重いので、海洋プレートが大陸プレートの下に潜っていきます。まさに日本列島の真下では、2つの海洋プレートが2つの大陸プレートの下に沈み込んでいるのです。

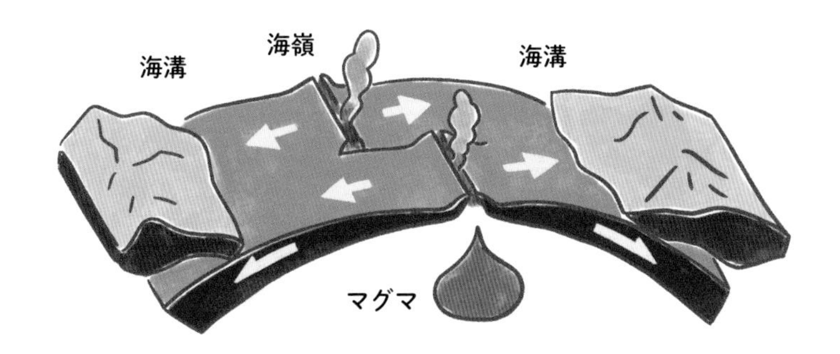

海洋プレートは「海嶺（かいれい）」と呼ばれる海底の裂け目で誕生します。地球深部から湧き上がるマントルが溶けてできた玄武岩質溶岩が、海底にあふれて岩盤になるのです。海洋プレートを動かす力は、かつてはその下を対流するマントルによると考えられていましたが、今では海溝に沈み込む海洋プレート自体の重みが全体を引っ張っていると考えられています。

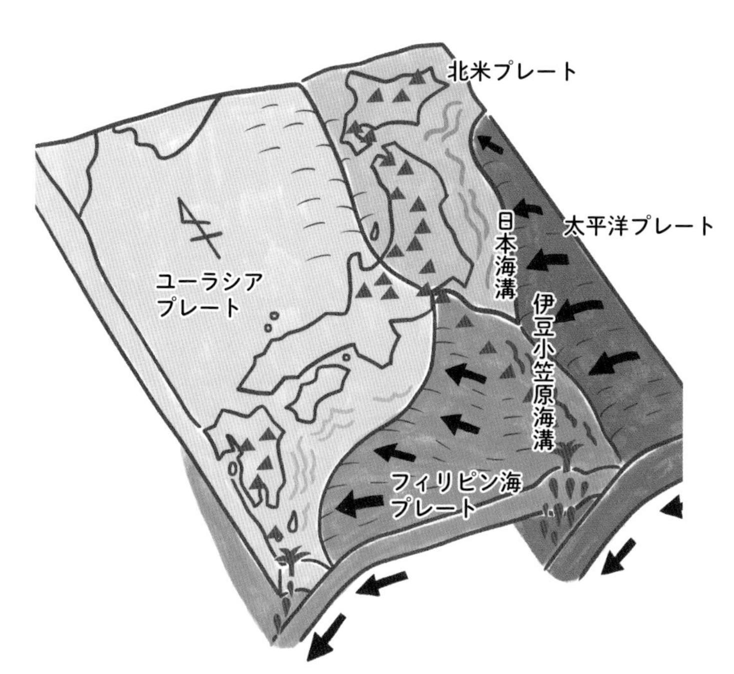

日本列島の下では、大陸プレートである北米プレートとユーラシアプレート、海洋プレートである太平洋プレートとフィリピン海プレートの4枚が接しています。世界でも類を見ないプレートの密集地帯上に日本列島はあるのです。最近では北米プレートをオホーツクプレート、ユーラシアプレートをアムールプレートと呼ぶ事例を目にするようになりました。これは衛星を使って地表の動きを観測した結果、さらに小さなプレートの存在がわかってきたためです。太平洋プレートは世界最大の海洋プレートで、中央海嶺で誕生し日本列島に沈むまでに約1億3000万年をかけて移動しています。フィリピン海プレートは約5000万年前に誕生した若いプレートですが、すでに拡大をつかさどる海嶺の存在はなく、いずれすべてが沈み込んで消えてしまう運命です。

日本列島の成り立ち　付加体（ふかたい）について

九州、沖縄本島にかけての太平洋側には、「四万十帯（しまんとたい）」と呼ばれる同じような地層からなるグループが広がっています。その四万十帯を詳しく調べると、それらが海溝に堆積していた当時の厚さは約1000mになることがわかりました。遠洋深海で堆積したチャート層、太平洋上で噴火してできた火山島の名残りとその上に乗る石灰岩の塊、そして陸側から深海に崩れ落ちた砂泥層などが堆積し、それが途切れることなく日本列島に押し寄せて新たな陸地へと生まれ変わる、これが日本列島の形成のあらすじです。

日本列島はずっとこの場所にあったわけではなく、もともとはユーラシア大陸の一部でした。その当時の大陸沿岸にも今の日本海溝のような海溝があり、海洋プレートが沈み込んでいました。現在の日本列島の基盤の大部分は、その当時に形成された付加体からできているのです。

プレートテクトニクスの理論が進むにつれて、日本列島の成り立ちについての筋書きは大きく変わりました。海底が移動しているという事実が判明したことにより、今まで謎だったことが、新たな筋書きの証拠となったのです。1970年代後半、世界に先駆けて新たな大地の誕生のメカニズムとして発表されたのが「付加体」です。

付加体とは文字どおり、新たに付け加えられてできた陸地のことです。もう少し具体的に言うと、海嶺で誕生した海洋プレートは海溝に沈むことでその幕を閉じますが、その際にプレート上にたまった大量の堆積物は、大陸プレートの縁によってかき取られていきます。それらは後ろから次々とやって来る新たなプレート上の堆積物に押されて、大陸側に押し付けられるように付加して新たな陸地の一部となっていくのです。

関東の秩父山地南部から紀伊半島・四国・

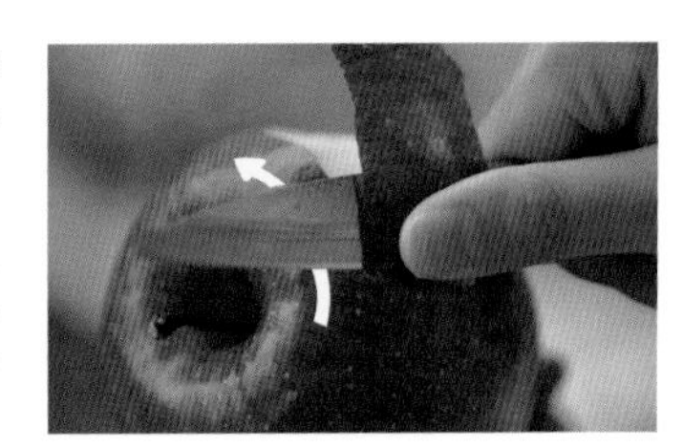

海洋プレートの上の堆積物が、大陸プレートの縁でかき取られる様子をリンゴの皮むきで例えてみました。リンゴは沈み込む海洋プレートを表現、その皮は上に乗る海洋堆積物です。また果物ナイフは大陸の縁を表します。むかれたリンゴの皮はゴミとして捨てますが、プレートの堆積層の場合は、ナイフにあたる大陸外縁に次々と付加して新たな陸地として生まれ変わります。

イラストは中央海嶺で生まれた太平洋プレートが日本列島の下に沈む様子です。図中の海山はハワイ諸島のような太平洋上でできた火山島で、プレートの重みで海底が深くなると水没して海山となります。海山の上には、石灰岩の塊が乗っています。チャート層は放散虫と呼ばれるプランクトンの殻が遠洋の海底でゆっくり堆積してできたもので、移動を始めたプレート上に真っ先に堆積します。陸に近づくと、大気中の塵や火山灰、川からの泥や砂がその上に順次堆積します。それらが大陸の縁によって、リンゴの皮のようにはがされてできたのが付加体です。

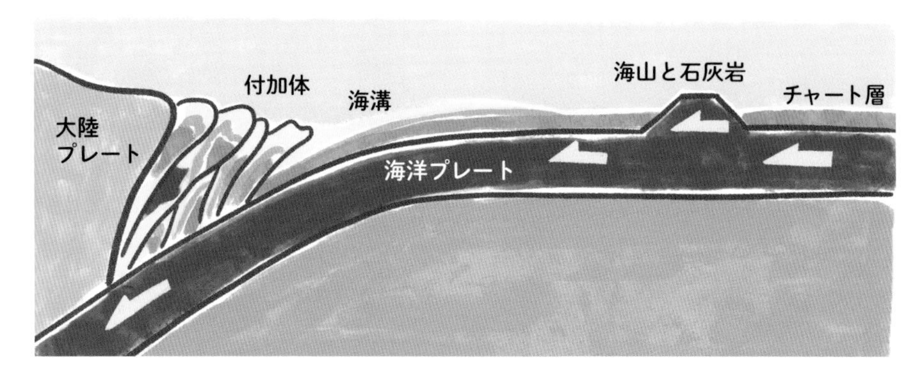

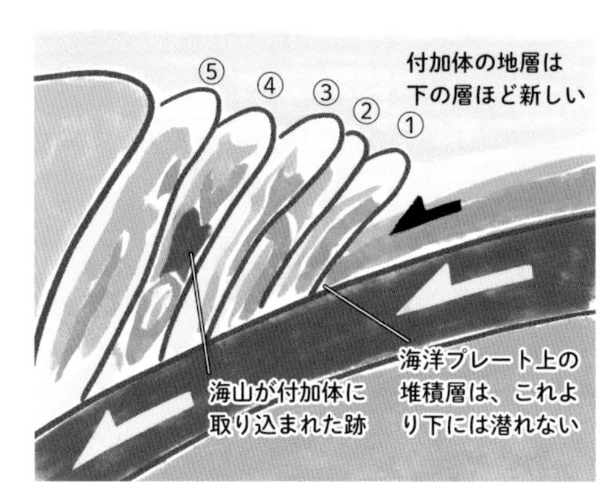

新しい付加体になる堆積層は、①から⑤の付加体を上に押し上げて、プレートと一緒にその下に潜るように入っていきます。そのため付加体の地層は上のほう（⑤の層）が古く、下にいくほど新しくなる（①の層）特徴があります。水中で堆積してできた地層は、いちばん上の層が最新で下になるほど古くなりますが、それとは真逆です。

西日本の付加体を大まかな年代ごとに分けています。日本海側ほど古く、太平洋側にいくほど新しくなるのがわかります。これはどの時代にも太平洋側にプレートが沈み込み、付加体がつくられていたからです。現在南海トラフでは、新たな付加体になる堆積物が古い付加体の下に潜り込み、押し上げているのでしょう。

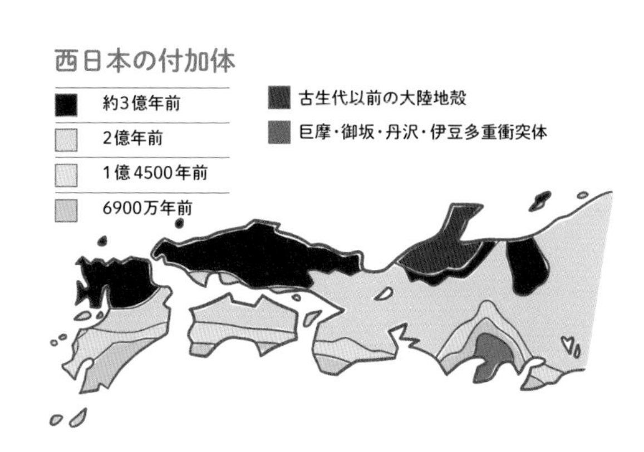

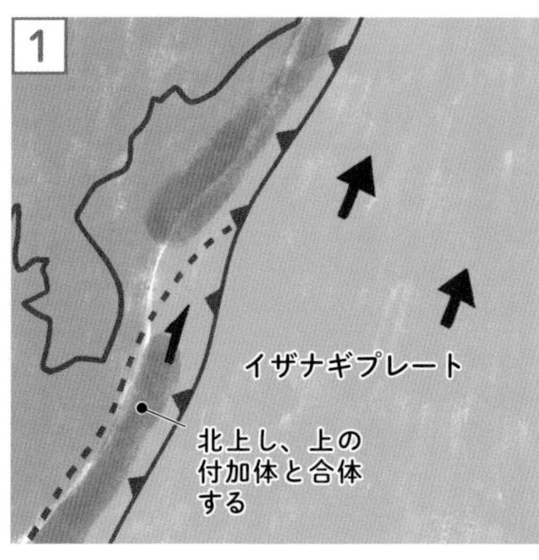

「日本列島」の誕生

日常生活を営む自分の足元はついいつい不動のものと思いがちですが、日本列島が現在の位置に移動してきたのは約1500万年前のことなのです。地球誕生が約46億年前なので、それから比べたらつい最近のことです。移動前の日本列島は、今のロシアから朝鮮半島沿岸とまったくの地続きで、ユーラシア大陸の一部だったのです。約3000万年前、大陸の一部が突如裂け始めます。それは止むことなく拡大を続け、陥没地形から湖へ、そして小さな海へと変化していくのです。

①約1億3000万年前

この時期はまだ日本列島はおろか、太平洋プレートの姿もこの周辺では見えません。しかしユーラシア大陸の東海岸では、イザナギプレートが運んできた堆積物をはじめ、大陸から流れ出た砂泥が当時の海溝の底にたまり、将来日本列島の基盤となる付加体を成長させていました。この少しあと、北東に進むイザナギプレートに引っ張られるように大陸の一部が裂けて北上し、その北側にあった陸地と合わさります。この境目が、後の「中央構造線」です（諸説あり）。

②約2500万年前

約5000万年前、イザナギプレートが大陸の下に沈んでしまい、代わって太平洋プレートが沈み込みを始めます。南にはフィリピン海プレートが小さく見えています。約3000万年前、日本列島誕生のターニングポイントとなる大地の開裂が大陸の東側で始まります。その下に上昇してきたマン

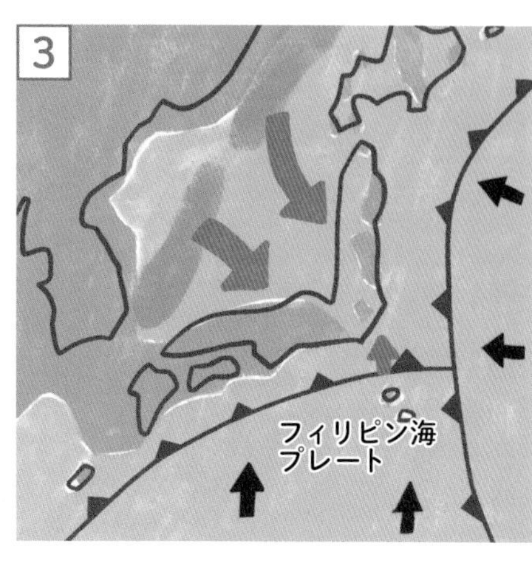

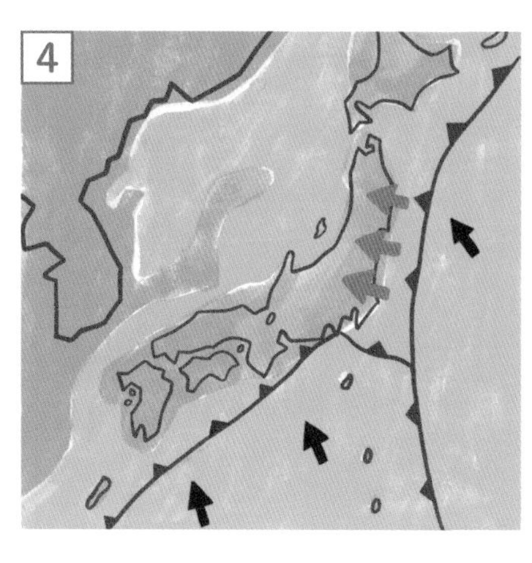

トルの高熱により地殻が引き延ばされたため、という説が有力です。大地の裂け目は、2500万年前には大きな淡水湖（日本海）になっています。

③約1500万年前

その後も日本海は拡大を続け、大陸から分離した西日本は時計回りに、東日本は反時計回りに移動しました。この動きによって日本列島は弧状になったのです。約1500万年前、列島が現在の位置まで移動して来たとき、日本海の拡大は終了します。同時にフィリピン海プレートが西日本の下に沈み込み始め、西日本の各地で大規模な火山活動が起こりました。またフィリピン海プレート上にあった伊豆の島々が北上し、本州に衝突し始めます。

④約300万年前

日本海の拡大が終了した時点では、東日本の大半は海の中でした。太平洋プレートの沈み込みにより火山フロントが形成され、東北地方でカルデラ噴火を伴う火山活動が始まります。火山の噴出物などが厚く堆積し少しずつ陸化が進みます。約300万年前、突如フィリピン海プレートの動く方向が北から北西に変化したことで、日本海溝の位置が西へと移動します。それにより中部地方から東北にかけて強い圧縮力がかかり始め、東日本は隆起して陸地へと変化します。これは現在でも継続しています。

隠岐の島にある「隠岐片麻岩」が露出した崖です。大半が付加体でできている日本列島のなかで、もともとのユーラシア大陸由来の岩石は、この片麻岩と飛騨地方の一部の変成岩のみです。

「1500万年前」の前と後

日本の地形巡りをするなら、列島が現在の位置にやって来た「1500万年前」という数字を覚えておくことをおすすめします。「1500万年前」以降のことなら、列島が移動し終えた後なので、この場所で起こった出来事と判断して差し支えありません。また「1500万年前」以前のことなら、大陸外縁にあった時代の出来事と判断すればよいのです。例えば「800万年前に噴火」という解説があれば、すでに日本列島の移動は終わっているので、火山は現在のその場所で噴火したことになります。また「8000万年前の花崗岩」とあれば、大陸の外縁でマグマが冷えてできた花崗岩ということになります。できた場所はここではなく、日本海の拡大とともに移動して来たことがわかります。

現地の地形案内板の解説は記載する文字数に制限があるので、日本列島の移動について言及する余裕がありません。読む側でその点を補完しないと、成り立ちについて正確なイメージがわかないことがあります。

上の写真は北アルプスの名峰、剱岳です。この山は約1億9000万年前の花崗岩からできており、生まれはユーラシア大陸外縁の地下深くということになります。約1500万年前に日本海の拡大にともなって、約270万年前に地表に顔を出し、約140万年前から本格的な隆起を始めたのです。下の写真は、同じく北アルプスの穂高連峰です。同じ飛騨山脈の岩峰ですが、穂高連峰は約176万年前に発生したカルデラ噴火によってできた溶結凝灰岩が隆起してできた山です。剱岳に比べると山としてはずいぶん若く、約1500万年前より後の出来事なので、カルデラ噴火が起こったのは今の穂高岳がそびえ立つこの場所だったということになります。

地形に親しむ

最近は日本各地で「ジオパーク」の登録地が増えてきました。ジオパークとは、地球・大地を意味する「ジオ（geo）」と公園「パーク（park）」を合わせた言葉で、地球を学び楽しむ場所という意味です。増加に伴い現地には地形解説の案内やパンフレットが用意されるようになりました。それらに目を通すことで地形の見え方が変わります。眺めるだけから、少しでもその成り立ちを想像してみましょう。その試みひとつで地形は生き生きと動き出し、スペクタクルな大地の営みの世界へと誘ってくれるはずです。

和歌山県串本町の橋杭岩前に設置されている地形解説です。地形の成り立ちやトピックスまでが、簡潔にわかりやすくイラストと共に解説されています。このような案内板を各地で見かけることが多くなりました。

桜島にあるビジターセンター内部です。ジオパーク登録地では、ビジターセンターを設けている所も多く、地形はもちろん動植物や人間との関わりなどが幅広く展示で紹介されています。

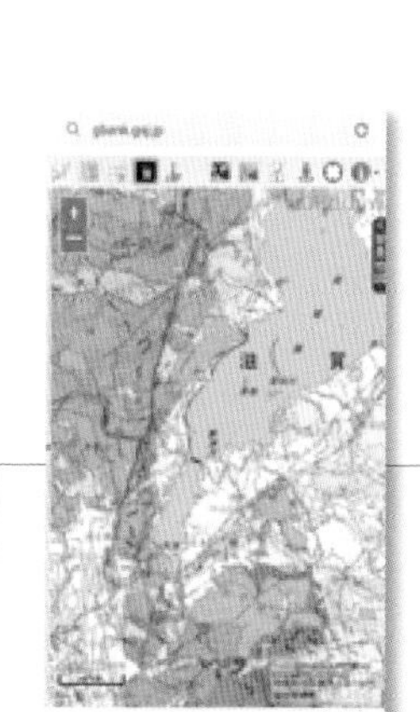

地質図を持ち歩く

一般の私たちが地質図を必要とすることはあまりありませんが、例えば目の前の岩が広がる範囲などは、現地で地質図を見ることでわかることもあります。今ではインターネットに接続すれば、スマホ画面で地質図が閲覧できます。ぜひ活用してみましょう。

01

白ひげの滝

「青」の秘密は温泉にあり

01

十勝岳がつくった数々の美景

白ひげの滝

北海道
美瑛（びえい）町

　北海道の中央にある美瑛町は、波打つように広がる丘の風景で世界にその名を馳せています。この広大な丘陵地をつくったのは、背後で噴煙を上げる十勝岳と、そのまわりにあった火山群です（といっても今の十勝岳ではなく、その前身にあたる火山群で、現在は侵食されて火口の位置すら特定できません）。およそ２００万～１００万年前、その古い十勝連峰や隣の大雪山系では立て続けに大きな噴火が発生し、流れ出す溶岩や火砕流により標高１０００ｍ前後の台地ができました。これが今の十勝岳や大雪山の土台となっています。美瑛もこのときに降り積もった大量の火山灰によって山や谷といった土地の起伏が埋められ、なだらかな丘陵地へと変貌したのです。時が流れ人が住むようになり、森を拓いて耕作地につくり変えましたが、火山灰からなる土壌は水はけはよいものの、耕作をするには養分が不足気味です。土地の改良を繰り返し行い、その苦闘の果てに生まれたのがあの美しい丘の風景です。

　美瑛町には、それ以外にも十勝岳がつくった美景がいくつかあります。白金温泉の近くにある白ひげの滝もそのひとつです。丘の風景をつくったのは十勝岳の前身の火山群ですが、この滝は今の十勝岳周辺の火山群によるものです。白ひげの滝の魅力は、伏流水の白い落水模様と、美瑛川のインクを垂らしたような鮮やかな青色です。川の水が青く見えるのは、上流で自噴する温泉の成分が混ざることで水の中に微細な粒子ができ、太陽光のうち波長の短い青色のみを反射するからです。水自体は無色透明です。

　滝を見下ろす橋の上からは、噴煙を上げる十勝岳の火口が見えています。この火山の破壊的な活動の歴史がなかったら、白ひげの滝や美瑛の丘陵地は存在しなかったでしょう。自然の表裏の振り幅の大きさに驚くと共に、それを受け入れて生活をする人々も逞しいと感じました。

白ひげの滝の全景です。点線から下は、約30万年前に土石流によって堆積した砂礫層で、褐色のなかに大きな丸い礫が混じっているのが確認できます。また点線から上は、約17万年前に十勝岳のとなりにある平ヶ岳から流れ出た溶岩流です。十勝岳にしみ込んだ雨水は、伏流水となってこの2層の間を流れ、その一部がこの崖から湧き出しています。

うねる波のように続く丘の風景も、もともとはどこにでもあるような山や川からなる景観だったと思われます。火砕流に何度も覆われたことで丘陵地ができたのですが、この下にはどれくらいの厚みの火山灰があるのでしょう。丘の広がりだけではなく、火山灰の深さを意識した風景の見方があってもよいと思います。

アクセス

JR美瑛駅から道北バスにて白金温泉まで30分。ただし便数が少なく、バス利用は現実的ではない。青い池、白ひげの滝、望岳台とまわるならタクシーを利用（美瑛ハイヤー☎0166-92-1181、貸切り2時間1万2920円〜）

旅のアドバイス

白ひげの滝の約2km下流に、美瑛で一番人気の観光名所「青い池」があります。砂防のために造られた人造池なので、地形を扱う本書としては写真の掲載は控えましたが、美瑛川と同じ青色をした池の水と、そこに立つ白骨樹のコントラストが見事です。そこから車で約10分の距離にある望岳台からは、荒れた山肌と噴気を上げる十勝岳の姿が間近に眺められます。写真を撮るならそれらが赤く染まる夕方がおすすめです。望遠レンズを使って大きく引き寄せましょう。

02

アトサヌプリ

ここが無防備で近寄れる限界です

02

屈斜路カルデラの香炉

アトサヌプリ

北海道 弟子屈町

美幌峠からの眺望は圧巻です。それは単に広いというだけではなく、あの屈斜路湖が大きく前景を占めるので、展望のスケールは北海道内でも群を抜いています。その雄大な屈斜路湖を抱くのが、東西約26km、南北約20kmの広さを持つ屈斜路カルデラです。実はその面積は「世界最大級」と称されるあの阿蘇カルデラをわずかですがしのぎます。もちろん屈斜路カルデラが広さ日本一です。「カルデラ」とは、火山の噴火後などに地下のマグマだまりが空になり、その天井が崩落してできた巨大な陥没地形を言います。屈斜路カルデラの場合は度重なる火山活動の末、およそ3万年前に陥没が起きたと言われています。

カルデラとセットになるのは中央火口丘と呼ばれる小火山です。陥没が起きたときは、火口を含め何もかもなくなってしまいますが、地下にはまだ火道が残されており、そこから新たにできた火山が中央火口丘です。阿蘇カルデラの阿蘇五岳、錦江湾（姶良カルデラ）の桜島は、すべてこの中央火口丘です。屈斜路カルデラの場合は、湖上に浮かぶ中島や、外輪山上で噴火し摩周湖（摩周湖自体もカルデラ湖）となった火山、そして今なお噴気を上げるアトサヌプリ火山群がそれにあたります。

アトサヌプリはアイヌ語で「裸（アトサ）の山（ヌプリ）」という意味で、１５００カ所以上とも言われる噴気孔の影響で背の高い針葉樹林は見られず、焼けたような色の山肌をさらしています。和名では「硫黄山」とも呼ばれ、硫黄鉱山として栄えた時期もありました。現在でも観光用に開放されているエリアに立つと、硫黄の結晶で黄色くなった噴気塔を間近に見ることができます。普段は視覚のみの地形巡りですが、ここでは強い硫黄臭とゴーッという噴気音が重なって、大地をライブ感覚で体感できます。強い酸性の川湯温泉につかればさらにそれを強く感じます。

崩れた山体の斜面に、噴火ごとに溶岩が流れた跡が層になって見えています。アトサヌプリや周囲の火山群の溶岩は粘り気が強く、地表に出てもサラサラと流れることはなく、こんもりとした溶岩ドーム（溶岩円頂丘ともいいます）を形成します。摩周湖の第三展望台付近からは、釣鐘のような形をしたアトサヌプリ火山群が並んでいる様子が俯瞰できます。

外輪山の一角である美幌峠から見た屈斜路湖です。湖の中央に浮いているのが火山噴火でできた中島（中央火口丘のひとつ）で、その左後方にうっすらと丸く見えているのがアトサヌプリの溶岩ドーム群です。地図で見る屈斜路湖は半円状ですが、残り半分の湖面は中央火口丘の火山活動によって埋まってしまいました。

アクセス

JR川湯温泉駅からアトサヌプリ駐車場までは距離1.6km、徒歩約15分。タクシー利用（摩周ハイヤー☎015-482-3939）で約5分。車の場合は、女満別空港から約50km、約1時間15分、釧路空港から約86km、約2時間。

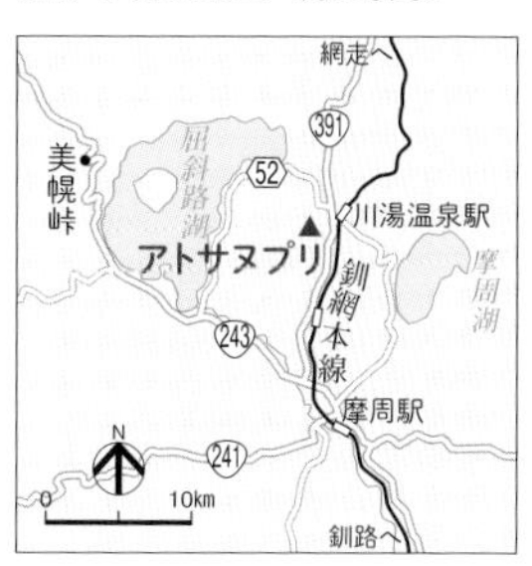

旅のアドバイス

阿寒・釧路エリアは、札幌からはもちろん旭川からもかなり距離があるので、ここだけで完結する旅のプランを立てましょう。幸いこのエリアには観光だけではなく、登山や釧路川のカヌーなど、より深く地形と関わることができるアクティビティがそろっており、時間を持て余すことはありません。アトサヌプリの見学では火山ガスに注意が必要で、規制ロープ内でも風向きによっては濃いガスが来ることもあります。写真の被写体としても人気があり、月明かりに照らされる噴気と星空を撮るのが流行りです。

この尾根、すべてマントルでできています

03

北海道誕生の証人

アポイ岳

北海道様似町

私は地形好きの写真家で、地形・地質の専門家でもハイアマチュアでもありません。ですから本書の掲載地を選ぶにあたっては、地学的価値は考慮しましたが、それよりも見た目重視、「写真映え」することを第一にしました。ただこのアポイ岳だけは別で、人を惹きつけるような奇抜な絶景はないのですが、ぜひとも取り上げたいと思いました。それはこの山全体が地下深くにしか存在しない「マントル」のみでできているからです。外見ではなく、まさに中身に惹かれたのです。

北海道は今はひとつの大きな島ですが、もともとは西と東にあったふたつの島が衝突してできました。ただそれは単なる島同士の衝突ではなく、ユーラシアプレートと北米プレートという大陸プレート同士のすさまじい衝突だったのです。およそ1300万年前までは、双方は衝突しながらも力の均衡を保っていましたが、ついにそれが崩れ、東側から西へ押していた北米プレートが、西側にあったユーラシアプレートの上に乗り上げてしまいました。横から見ると漢字の「入」のような格好になり、その高まりはそのまま日高山脈になったのです。

日高山脈の山肌には、乗り上げた北米プレートの断面が現れています。山肌の東側はプレートの地表近くだった地層で、西に行くにしたがって地中深くにあった岩石が現れてきます。そしていちばん西側にあるのがプレートの最下層にあたるマントル、すなわち「かんらん岩」です（マントルは主にかんらん岩からできています）。アポイ岳のかんらん岩は、東西8㎞、南北10㎞、厚さ3㎞の巨大な岩体からなり、隣にそびえるピンネシリ峰から幌満渓谷はすべてこの岩で形成されています。地下を掘り続けてもおそらく人類には到達できないだろうと言われているマントルを直に踏みながらの登山は、妙な気分でした。

かんらん岩の隙間に咲くイブキジャコウソウです。アポイ岳は「かんらん岩の山」というより、「花の名山」のイメージで広く知られています。標高は810mしかなく森林限界には届いていませんが、約80種の高山植物が見られます。これは、かんらん岩に含まれる鉱物の一部が植生の侵入を防いでいるからで、山の七〜八合目付近が森林限界に近い環境になっています。さらに夏場に海霧が出やすい地理的条件なども重なっています。

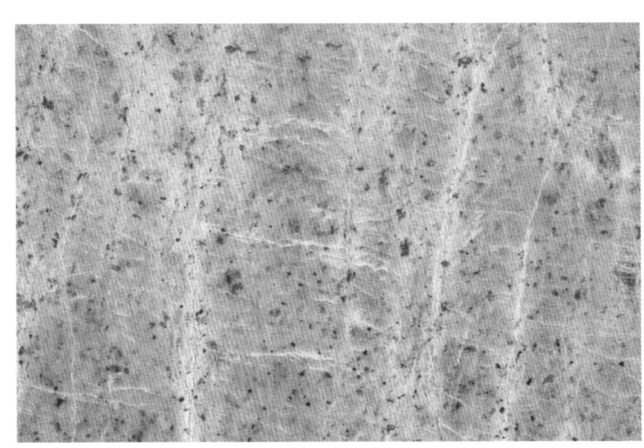

登山道で見るかんらん岩は、表面が風化して茶褐色に変色しています。マントル由来ということで、何か特別な岩石の登場を期待していると少々がっかりします。かんらん岩の本来の色はオリーブ（薄緑）色をしており、研磨された美しい標本は、様似町役場前に設けられた「かんらん岩広場」で見られます。

アクセス

登山口へは、JR様似駅からえりも行きのJRバスに乗り約10分の「アポイ登山口」バス停まで。もしくはタクシー（日交ハイヤー☎0146-36-2611）を利用。車の場合は、新千歳空港から日高道経由で約150km、3時間。

旅のアドバイス

アポイ岳の標準的なコースタイムは、登り3時間、下り2時間です。途中から岩場が現れますが、怖さを感じるほどではなく、慎重に通過すれば問題ありません。登山前にはアポイ岳ジオパークビジターセンター（☎0146-36-3601、開館期間4月〜11月、9：00〜17：00）に立ち寄り、日高山脈の地形の成り立ち（特にプレート衝上のイメージ）やかんらん岩について知っておくとよいでしょう。アポイ岳の地形は、見るだけで理解することは難しく、知識があってはじめて深い感動が得られます。

04

仏ヶ浦

風雨と波濤のしぶきが刻んだ浄土の風景

04

グリーンタフが魅せる奇景

仏ヶ浦

青森県 佐井村

まさかりの形に例えられる下北半島、仏ヶ浦はその刃の中央あたりにある景勝地です。とは言っても、市街地に隣接する青森港の目の前に半島の島影は見えてはいますが、陸路で行くと陸奥湾を延々と回り込むので優に3時間はかかる陸の孤島です。急崖が続く海岸線の猫の額ほどの波食台（波に削られることでできた平らな岩礁）に立つと、目の前には津軽海峡が広がり、背後には地獄絵図に描かれる針の山のようなイガイガした岩峰が三方を囲んでいます。街から離れ、人工物も視界に入らないこの場所は、古人が称えた浄土の風景を今も変わらずとどめています。

この針の山の造形をつくったのは、「グリーンタフ（緑色凝灰岩）」と呼ばれる岩石で、侵食を受けやすいものの、それを維持する程よい硬さを併せ持っています。「タフ（tuff）」とは火山灰が堆積してできた岩のことで、グリーンタフの場合は、海底火山から噴出した火山灰や軽石が海底に厚く堆積してできました。その岩肌は淡い緑色が混じった灰色です。この色は火山灰が地熱やそこから噴き出す熱水に長い間さらされることにより、その一部が緑色の鉱物に変質したために生じました。

「火山灰が分厚く海底に堆積する」「それが熱にさらされ続ける」、このふたつがグリーンタフができるおもな成因条件だとすると、この岩が分布する場所ではかつて激しい海底火山活動があったと推測することができます。実際にグリーンタフが見られるのはおもに日本海側で、できた年代はだいたい2000万〜1500万年前とされています。これは日本海が拡大して激しい海底火山活動が起こった時期に重なります。そんな激動の日本海誕生を生で見てきた証人のような岩も、長年の風雨と波濤が岩肌を濡らし、しぶきが流れた跡は深い溝となり、今では浄土の世界観を醸し出すみごとな背景となっています。

夕日を浴びる仏ヶ浦の岩峰群とその手前に広がる波食台です。仏ヶ浦が一番神々しく見えるのは、日の入り前から日没後の、西の空が茜色に染まる時間帯です。ただしこの時間には遊覧船の運航は終わっており、真っ暗闇のなか、標高差が100m以上ある駐車場まで、階段を自力で上るしかありません。それも「クマ出没注意！」の看板を横目に……。

佐井港から出る観光遊覧船から見た仏ヶ浦手前の断崖です。グリーンタフの岩体を貫くように白い流紋岩質の火山岩が食い込んでいます。船からなので詳しくはわかりませんが、明らかに仏ヶ浦の景観とは異なり、グリーンタフの性質も違うように感じます。流紋岩の熱いマグマに直に接することで、より硬質な岩へと変化したのでしょう。

アクセス

むつバスターミナルから下北交通バスで「佐井」まで2時間、佐井港から遊覧船（仏ヶ浦海上観光☎0175-38-2244）で仏ヶ浦まで。車の場合は、川内経由で国道338号沿いにある駐車場まで1時間30分。長い階段の下りあり。

旅のアドバイス

青森県の玄関口にあたる青森空港から仏ヶ浦までは、高速道路を使っても3時間30分はかかります。ここは青森県内からであっても、ついでに立ち寄るところではなく、下北半島内を周遊する旅のプランを考えましょう。半島内の地形観察ポイントとしては恐山がおすすめです。硫黄の噴気が激しい賽の河原を地獄に、カルデラ湖である宇曽利山湖畔を浄土に見立てるなど、火山地形を信仰の舞台として巧みに仕立てている点に着目すると、恐山の別の姿が見えてきます。尻屋崎や大間周辺の海岸線の岩礁も見応えがあります。

05

桃洞の滝

秋田の山奥にいる
憧れの女神に会いに行く

溶結凝灰岩でできた曲線の谷

桃洞（とうどう）の滝

秋田県
北秋田市

取材前、桃洞の滝の形状については、それまでに発表された数々の写真を見ていたので知っていました。しかし実際に目の当たりにしたこの滝は、予想よりはるかに大きくて落差があり、そして二次元の写真では伝えきれないほど神秘的でエロティックでした。

日本全国の地形・奇岩を巡っていると、男性器・女性器の形に似た岩に対して、それを祀り、子孫繁栄などの信仰の対象としているケースをよく見ます。そのどれもが湿気を伴うような秘め事ではなく、とても明るくあっけらかんとしているのです。天岩戸の前で、股間をさらして踊るアメノウズメを見て大笑いをする神々のあの感じです。しかしこの桃洞の滝は、滝前で見上げながらそれについて談笑するには少しリアル過ぎます。女性の象徴として祀られた他の奇岩が、男子がふざけて描いた落書きレベルであるのに対して、この滝は西洋美術を学んだ者が描く写実的なデッサンを見るようです。

この立体表現を可能にしたのが、およそ200万年前にカルデラ噴火を起こし、田沢湖から八幡平（はちまんたい）あたりを覆い尽くした溶結凝灰岩（ようけつぎょうかいがん）です。溶結凝灰岩は、カルデラが陥没する際にあふれ出た高温の火山灰が大量に降り積もり、自らの熱と自重で溶けて固まったものです。硬くもなく柔らかくもない適度な岩の硬さが、風化・侵食による優しい曲線の形成に最適だったのでしょう。

その後、今の森吉山となる火山がこの地で噴火します。幸いにも桃洞の滝やその下流の小又峡（こまたきょう）は、流れ出す溶岩や火山灰に埋まることはありませんでした。そのおかげで私たちは巨大な溶結凝灰岩の一枚岩の上を歩くことができます。明るく広い谷はとても爽快で、すべてが曲線で覆われた世界はまさに別天地にいるようです。最奥で待つ女神に会いに行くためのプロムナードなのです。

紅葉の見頃は例年10月中旬です。普段は静かなトレッキングコースも、このときばかりは大勢の人でにぎわいます。積雪の多いエリアなので、コースの通行可能な期間の目安は、6月下旬から紅葉の終了までと考えましょう。写真撮影をするなら、光がフラットになる曇りの日がおすすめです。晴れた日の午後は強い逆光になるので光の扱いが難しくなります。

写真は小又峡で見つけた甌穴です。ここも桃洞渓谷と同じ溶結凝灰岩でできており、全体的な渓谷の雰囲気は似ています。小又峡へは太平湖遊覧船に乗り、湖の最奥にある桟橋で下船したら歩きだします。終点の三階滝までは片道約1時間、途中に静かな瀞場があったり、甌穴の造形美に立ち止まったりと、見どころが続きます。

アクセス

森吉山野生鳥獣センターが滝への登山口になる。現地までの路線バスはなく、秋田内陸線阿仁前田駅からタクシー（米内沢タクシー☎0186-75-2336）で約50分。野生鳥獣センターから滝までは約4km、徒歩1時間。

旅のアドバイス

森吉山野生鳥獣センターら桃洞の滝までは、東北独特の濃厚なブナの森の中を歩きます。森吉山の森の素晴らしさもこのトレッキングの大きな魅力です。ルート上の道標はしっかりしていますが、山が深いので地図の持参とルートの下調べは必須です。不安がある場合はガイドをお願いしましょう。渓谷は一枚岩の底にあるので、わずかな雨でも水位が上がることがあります。特に夏の夕立による増水には要注意です。またツキノワグマの生息域でもあるので、クマよけの鈴は携行しましょう。

鵜ノ崎海岸

時間が閉じ込められた岩のタマゴです

06

鵜ノ崎海岸

ノジュールが生え出る海岸

秋田県
男鹿市

世界中の奇岩を集めた写真集のなかに、巨大生物のタマゴの化石を思わせる球形の岩が転がる写真がありました。「これすごいね」と驚く家族に、「日本にもあるよ」と私。

男鹿半島の南側にある鵜ノ崎海岸は、潮が引くとその下から褶曲(しゅうきょく)した地層が現れることで知られています。約1000万年前の砂泥からなる地層が隆起し、波に削られて、今では海岸線から沖合200～300mまで続く平らな岩礁になっています。褶曲はその上一面に広がっており、干潮時に高台から俯瞰するとその全容が見渡せ見事です。さらによく見ると、褶曲の上にはさまざまな大きさの丸い岩がいくつも転がっています。一見、津波によって打ち上げられた「津波石」かと思いましたが、近寄って見ると地層に一部が埋まったものもあり、地中から生え出ているようにも見えます。もともと砂泥の地層の中にあったものが、大地の隆起と地層の侵食により地表に現れたのです。

このような岩を「ノジュール」もしくは「コンクリーション」と呼びます。研究者の論文などでは後者が使われることが多いですが、私はロマンティックな響きがある前者のほうが好きです。ノジュールの成因についてはさまざまなケースがあるようです。そのなかでも浅い海に堆積してできた砂岩に入っているのが、生物の死骸が起因となってできたノジュールです。名古屋大学の吉田英一教授によると、死骸が腐敗する過程で発生する炭素を含んだ酸と海水中のカルシウムが反応し、炭酸カルシウムが作られます。それらが砂を固め、後に化石になる生物の死骸を中心に、球状の硬質なノジュールができあがるのだそうです。

このように良い状態で化石を保存するノジュールは、一見すると、不気味な岩のタマゴですが、卒業記念に校庭に埋めるタイムカプセルのような「時の箱舟」でもあるのです。そう思うとロマンティックに見えるから不思議です。

侵食により中身が見えているノジュールです。幾重かの球形の殻が見えますが、段階を踏んで大きくなった痕跡なのでしょうか。この取材時に、私も何個かの割れたノジュールのなかを覗き込んでみましたが、化石らしきものは見つけられませんでした。しかしジオパークによる調査記事を見ると、鵜ノ崎海岸のノジュールのなかからクジラの骨と思われる化石が見つかっています。

潮が引いて褶曲の模様が一面に広がった鵜ノ崎海岸の波食台（波が削ってできた平らな岩礁）です。その上を歩くと、遠目からではわからないおもしろい造形がそここにありました。頭をちょっとだけ出しているノジュールもあり、これが完全に地上に出るまであとどれくらいの時間がかかるのだろうか、などと想像しながら写真を撮っていました。

アクセス

JR男鹿駅から男鹿市内バスに乗車、鵜の崎バス停まで20分。駅前からタクシー（船川タクシー☎0185-23-2211）の利用も可。車の場合は、半島の南側を走る県道59号沿いの駐車場を利用する。海岸は目の前。

旅のアドバイス

ノジュールに近寄って観察するなら、潮が大きく引くときを選んで出かけましょう。ただ日本海側の潮位は一日の変化が少なく、むしろ季節的な変動に左右される傾向があります。時期としては春先の大潮が最適です。そのほかにも、男鹿半島には地形の見どころがたくさんあります。潮瀬崎には、その形がゴジラの横顔に似た「ゴジラ岩」があり、初夏の夕暮れはゴジラの口と夕日を重ねて、火を噴くゴジラの写真が撮れます。入道崎近くの目潟湾には、「マール」と呼ばれる円形の火口跡が連続して並んでいます。

07

ハイペ海岸の津波石

2011年3月11日、
大津波に運ばれてきました

07

津波石が語ること

ハイペ海岸の津波石

岩手県
田野畑村

普段、海で目にする波（波浪）と津波の違いはどこにあるのでしょう。波浪は海面を吹く風などが要因となって発生する波で、風が弱ければ静かな「さざ波」ですが、強風だと白波が立って荒れます。しかし、それでも海水の動きは海面付近に限定されます。

では津波はどうでしょう。大きな地震が起きると震源付近の海底が断層を境に隆起、または陥没します。その際、海底の形の変化に連動するように、海水全体が大きく持ち上がるか沈み込みます。波浪が海面付近の海水の動きであるのに対して、津波は海面から海底までのすべての海水が「かたまり」となって動きます。津波の破壊力が圧倒的で、陸を遡る力が強いのはこのためです。

前ページの褐色の砂岩は、目測で10m×7m×5mもある大きな岩です。東日本大震災の巨大津波に持ち上げられ、波打ち際から約15mも山側に運ばれて灰色の堆積岩に乗り上げました。不安定に傾いて乗るその姿からは、落石などの普通の現象ではなく、何か強力な力の作用が働いた不自然さを感じます。このように津波によって運ばれた岩を「津波石」と言います（巨岩であっても「津波石」と呼びます）。ハイペ海岸を見渡すと、このほかにもいくつかの津波石が目に入ります。なかには、岩肌に張り付いた貝や藻が乾燥して白く粉を吹いたようになっているものがあります。震災前は海中にあった証拠です。それが大津波によって動かされ海上に現れたのです。

このときの取材では、唐桑半島でも津波石を撮影しています。また震災遺構として保存されている建造物もあらためて見てまわりました。震災を直接経験しなかった私のような者は、現地に足を運び、報道の映像からは伝わらない現場の実寸を知ることで、来るべき次の災害に対処できる正確なイメージを描いておく必要を感じました。

背の高い防潮堤、更地のままの海岸線、盛り土によって整備された高台の新しい家。三陸海岸沿いを車で走っていると、そこここで目にする典型的な復興の風景です。次の津波からは、命だけではなく、生活や財産まで守ろうとする切なる思いが「新たな地形」を生み出したのです。岩手県宮古市付近 2017年10月撮影。

沖縄の宮古諸島・下地島にある日本最大級の津波石「帯岩」です。高さ約12m、周囲約60mのこの巨大な岩は、1771年4月24日に発生した明和の大津波によって打ち上げられたとされています。琉球列島の過去の大津波の情報は、日本のほかのエリアに比べて量が少なく、津波石からそれを得ようとする調査が行われています。

アクセス

三陸鉄道田野畑駅からタクシーを利用（田野畑観光タクシー☎0194-33-2121、要予約)。車の場合は田野畑駅前から県道44号を宮古市方面へ走り、最初のトンネルを出たすぐ左手にある小さな駐車場を利用する。

旅のアドバイス

ハイペ海岸は背後に崖が迫る小さな浜です。波が高い日は近づくこともできません。また通常の波であっても、逃げ場がないので、波高の変化には用心してください。近隣の地形観察ポイントとしては、田野畑村を代表する景勝地「北山崎」と「鵜の巣断崖」があります。共に隆起と海岸侵食によって生まれた地形で、見学や写真撮影は、斜光線が当たる朝がおすすめです。特に夏の朝はやませによる海上からの霧に包まれることがあり、幻想的な光景が見られます。

08

蔵王連峰

荒涼としている？
私には活動的で生き生きとして見えます

火山フロントの地下を思う

蔵王連峰

宮城県 蔵王町

東日本、四国、九州の火山を地図上にマーキングすると、規則性があることに気づきます。太平洋沿岸に火山は全くないのに対して、少し内陸に入ると列をなします。この沿岸部の空白エリアと火山列の始まる境界を「火山フロント」と呼びます。「火山ができる前線」という意味です。火山はランダムにできるものではなく、そのもととなるマグマが生成されるためには、いくつかの条件があります。

マグマの生成には、日本列島の下に沈み込む海洋プレートに含まれる「水」が重要な役割を果たします。イメージ的には、地下は高温でマグマは簡単にできるものと思われがちですが、地下深くなると圧力も高くなるので、岩石の融点(ゆうてん)は上がります。それを下げる役割を果たすのが水です。岩の鉱物粒子と水が反応し、鉱物のなかの結合力が弱くなり、結果として融点が下がるのです。この水は、海洋プレートが地下100～120㎞まで沈んだところでその中から放出されます。地上で火山が並ぶ理由は、地下のこの深度で横並びに水が放出されるからです。逆に太平洋沿岸の地下ではプレートの深度が浅く、水が供給されないのでマグマができず、火山も存在しません。

蔵王の観光のメインは、レストハウス横の展望台から見る五色岳とその火口湖である「御釜」です。酸性で濃い緑色をした湖水と、植生の侵入を許さない五色岳の赤茶けた色彩の対比からは、今も活発な火山活動が続いていることがわかります。刈田岳(かつただけ)まで登るとさらに展望が開け、東の最奥には太平洋が見え、そのまま北に目を転じると御釜を前景に、東北の火山フロントの山々が続きます。「この地下ではマグマが列をなして生成されているのか」と地中の様子を想像すると、右手に見える太平洋の底で斜めに沈み込む太平洋プレートの大きな岩盤が、実景と重なるように目に浮かんでくるのでした。

刈田岳山頂から見た御釜と、北に続く山並みです。目の前に御釜の火口湖があるからでしょうか、火山フロントのイメージを強く意識したのは蔵王が初めてでした。本文の最後にも書きましたが、自分の知識が実景と結びついたとき、視覚を越える大いなるものを感じることがあります。地形巡りの醍醐味はここにあると思っています。

熊野岳周辺の山肌に見られる植生の模様です。これは地表の石や砂がわずかですが動いていることを示しています。移動の原因は山の寒気です。地中の水分が凍結すると霜柱が立って石を持ち上げます。持ち上がった石は風で飛ばされたり、霜柱が溶けるときに少しだけ移動したりします。これを延々と繰り返すことで、地表の動きが植生の模様として現れます。このように寒気にさらされることでできる地表の模様を「構造土」と呼んでいます。

アクセス

土日祝とお盆期間のみ、JR白石蔵王駅から山頂まで宮城交通バスの運行あり。ただし便数は少なく、滞在時間が限られるのでトレッキングには不適。車の場合は、県道12号と蔵王ハイライン（有料）を経由して山頂へ。

旅のアドバイス

蔵王の山頂に通じる道路の開通期間は例年4月下旬～11月上旬です。山頂レストハウスからは遊歩道が出ており、展望を眺めながら歩くことができます。徒歩10分の距離にある刈田岳では、見る角度を変えることで火口壁の様子がより深く観察できます。また蔵王連峰の最高峰でもある熊野岳（1841m）へは、登山道をゆっくり歩いて1時間の行程です。御釜を眼下に眺めつつ、溶岩の塊や噴火による噴出物を踏みながらのトレッキングは、火山としての蔵王連峰を実感できるでしょう。

09

佐渡島の潜岩

この模様は、
海底を覆った溶岩流の痕跡です

09

佐渡島の潜岩(くぐりいわ)

裂ける海底と枕状溶岩(まくらじょうようがん)

新潟県
佐渡市

佐渡島が島として海上に現れたのは、わずか300万年前のことです。日本海の海底が隆起して島になったので、それまで海底に堆積したさまざまな時代の地層や湧き出した溶岩を全島で見ることができます。有名な金銀の鉱山跡と合わせて、島全体が「日本海の誕生と拡大」をテーマとした生きた博物館と言っても過言ではありません。

前ページの写真は佐渡島の南端部、小木半島(おぎはんとう)にある「潜岩」という名前の奇岩です。表面の白い模様が目を引きますが、これはサラサラで粘り気の少ない玄武岩質溶岩が海底に湧き出した際、表面が海水に急冷されてできた溶岩の殻のようなものです。専門用語では「急冷縁(きゅうれいえん)(急冷周縁相(きゅうれいしゅうえんそう)とも)」と呼んでいます。

2018年に噴火したハワイ島のキラウエア火山の報道映像のように、地上で噴出したサラサラの溶岩はじわじわと流れながら拡大しますが、海底の場合はすぐに急冷縁の殻ができてしまいます。しかしその内側の溶岩は、まだまだ高温なので殻の一部を破って再び海中に流れ出します。ただそれもすぐに冷やされてしまうのですが…。これを延々と繰り返しながら玄武岩質溶岩は海底に広がっていきます。ひとつひとつの急冷縁はコッペパンのような形ですが、昔の地質学者はこれを枕に見立てたので、専門用語では「枕状溶岩(まくらじょうようがん)」と呼んでいます。

潜岩の枕状溶岩は約1・4㎞南にある沢崎灯台下の岩礁まで続きます。すなわちこのあたり一帯は、湧き出した真っ赤な溶岩で埋まっていたことになります。日本海が拡大する過程で海底の地殻が薄く延ばされ、そこを突くように高温でサラサラの玄武岩質溶岩が大量に噴出したのでしょう。写真を撮りながら、かつての灼熱の海底の上に立って満天の星空を見上げている、そう思うとなんとも不思議な気分になりました。

潜岩の表面は研磨されて模様になっていますが、枕状溶岩の立体的な形状は、このような感じです。コッペパンのような形をした急冷縁のユニットがさまざまな大きさと向きで重なっており、海底でサラサラの溶岩が広がった様子がリアルに残っています。高知県室戸岬にて撮影。

潜岩から沢崎鼻灯台に向かって約1kmのところにある「神子岩（みこいわ）」です。遠くから見ると真っ黒な玄武岩の岩山ですが、近づくとその表面には金粉をまぶしたようなかんらん石の結晶が見えます。これはマグマが高温を維持したまま、一気に海底に噴出したためで、拡大中の日本海の地殻が薄かったことを意味しています。

アクセス

潜岩へは小木港から新潟交通佐渡バスで三ツ屋まで、35分。ただし便数が少ないので、タクシーの利用が現実的（佐渡タクシー☎0259-86-2114）。車の場合は県道45号沿いに進むと、沢崎鼻、神子岩、潜岩が現れる。

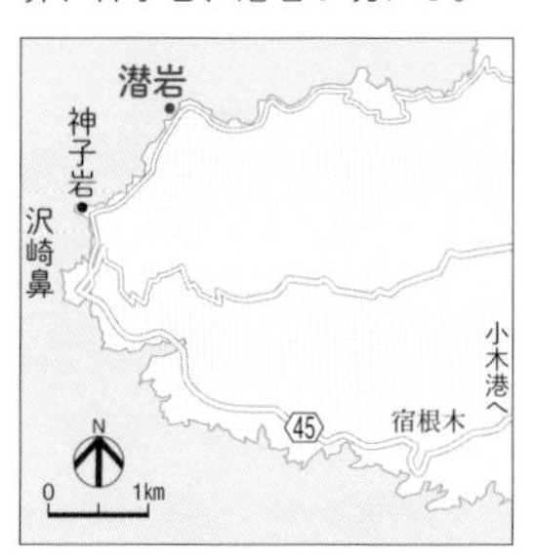

旅のアドバイス

自宅から新潟港か直江津港へ移動し、佐渡へ渡るだけでも半日程度は必要です。また佐渡島は日本で2番目に大きな島であり、島内の移動には予想以上に時間がかかります。そう考えると、もし全島をまわるなら駆け足でも3泊4日は必要です。2泊ならエリアとテーマを絞った方がよさそうです。地形に関しては、エリアごと、テーマごとに解説したパンフレットが何種類も発行されており、それを参考にするとよいでしょう。各港の観光案内所に置いてあります。

10

佐渡島の平根崎

これが日本海に最初に堆積した砂岩です

10

日本海の誕生を実感する

佐渡島の平根崎

新潟県
佐渡市

佐渡島の北西側の海岸を「外海府海岸」と呼びます。冬の季節風と日本海の荒波で削られた険しい海食崖が延々と続く景勝地です。この垂直が優勢な海岸のなかで、平根崎だけは大きな砂岩が横たわる穏やかな景色が広がっていますす。実はこの平根崎の砂岩にはちょっと変わった冠がついています。「日本海に最初に堆積した砂岩」がそのフレーズですが、一般の人は「ん?」と思うだけでしょう。しかし、日本海の誕生について知ると、この砂岩には感動的な物語が秘められていることがわかります。

日本海が今のような姿になったのはわずか1500万年前のことです。それまでは地上に日本海の姿はなく、日本列島もユーラシア大陸の東端の一部でした。2500万年前、何らかの理由で地下深くのマントルに上昇流が発生し、その真上が起点となって地殻が薄く引き伸ばされ始めました。地上では大地に入った亀裂がみるみる拡大し、まず淡水の湖ができ、それが外海に達すると海水が流れ込んで新たな海となりました。日本海の誕生です。平根崎の砂岩はこのような時代に、川から流れ込んだ砂泥がその底に堆積してできたものだったのです。あの冠のフレーズの意味と価値、おわかりいただけたでしょうか。

平根崎の砂岩の斜面を観察しながら歩くと、砂の上を這った生物の跡や貝殻の化石が見つかります。それらはいずれも誕生したばかりの日本海が浅い海だったことを物語っています。さらにその化石を詳しく調べると、当時は今の沖縄あたりの暖かい環境に似ていたことがわかりました。南から暖流が流れ込んでいたのでしょう。

その後も日本海は拡大を続けながら水深も増し、その上にはさまざまな堆積物が積み重なっていきました。断層によってその一部が断ち切られ、押し上げられて島となり、今、私たちの目の前にあるのです。

小木港から車で約10分のところにある河ヶ瀬崎の露頭です。白い点線から上が、日本海で最初に堆積した地層です（言い換えれば、この点線が日本海オリジナルの海底ということになります）。丸い礫岩層が最下層で、その上に砂岩層がのっています。点線から下は、岩石に長方形の割れ目（板状節理）が見られることから、火山岩であることがわかります。大地が裂ける前後の火山活動で流れ出た溶岩なのでしょう。

平根崎の波打ち際に連なるカメ穴状の甌穴群で、「平根崎の波蝕甌穴群」として国の天然記念物に指定されています。その数は78個に及び、直径2mを超える大きなものも14個数えられます。日本海の激しい波の寄せと引きの渦流によって生じた侵食地形です。

アクセス

新潟交通佐渡の路線バスを利用する場合、両津港から平根崎へは、途中の佐和田バスステーションで乗換えが必要。車の場合は、両津港から真野湾を経由して相川をめざし、外海府海岸に出たら県道45号へ。

旅のアドバイス

外海府海岸は絶景が連続する景勝地としてだけではなく、地形の見どころとしても充実しています。大野亀は6月上旬に黄色い花が一面に咲くトビシマカンゾウで有名ですが、その背後にそびえる大きな岩は、地中の浅いところで冷えて固まった玄武岩が隆起したものです。また国道を走ると、地震で隆起してできた急斜面と、波によって平らに削られた海底だった土地が、階段状になって現れます。これは「海成段丘」と呼ばれる地形で、人々がその小さく平らな土地を巧みに利用しながら生活してきた様子を車窓から見ることができます。

田塚鼻のスランプ構造

この断崖は、海底地すべりの現場の断面です

11

地層に残る海底地すべりの跡

田塚鼻のスランプ構造

新潟県
柏崎市

地層は、川が運んできた砂や泥、大気中を漂う火山灰や塵、水中に棲む生物の死骸などが降り積もり、海や湖の底でゆっくりと時間をかけてつくられます。その際、湖海の浅深、気候の寒暖、付近の火山の有無など、地理的特徴を反映した堆積物が生じるので、地質の専門家は地層を見ることで堆積当時の環境を推測することができます。

地層は何事もなければ、水平にきれいな縞模様を描くはずです。アメリカのグランド・キャニオンでは、約17億年分の地層の積み重なりが広がっています（途中、何度か隆起・侵食により消失した地層もありますが…）。激動続きの日本列島から見ると、それほどの長い時間ほぼ平穏に地層が積み重なることは異様にすら思えます。逆に日本の地層はそれだけ変化に富んで、劇的な出来事をたくさん記録しているとも言えるのです。

前ページの写真の断崖は、上下にはきれいな水平の地層が見えますが、真ん中あたりは茶色い層が折り重なって乱れています。これは海底の斜面にたまった地層が地震などによって揺さぶられ、ずり落ちてできたものです。もともとは一枚の砂岩質の地層だったと思われますが、斜面をすべるうちにバラバラになり、この場所で折り重なって止まったのでしょう。まさに災害現場の「断面」です。このような地層の乱れを「スランプ構造」と呼んでいます。

地すべり発生の後はまた平穏な時代が続いたのか、その上には再び水平できれいな地層がのっています。この平和な「静」の層に上下から挟まれることで、「動」の層の事件性が強調されて見えます。しかも「静」が堆積する時間は数万年にも及ぶのに、「動」の層は一瞬の出来事です。何でもないような断崖にもそのような物語が隠れています。草花のように雄弁ではありませんが、静かに耳を傾ければ地形の声が聞こえてきます。

高知県室戸岬付近にあるスランプ構造です。砂岩と泥岩が10cm前後の厚みで幾層にも重なっていましたが、それがすべり落ちたようです。地層の変形や破断した様子をとどめているのは、硬い堆積岩になる前の半凝固の状態でずり落ちたからです。室戸ジオパークの新村遊歩道沿いにて。

アメリカのアリゾナ州にあるグランド・キャニオンです。最上部の表層は2億6000万年前の石灰岩で、現在最下層となるコロラド川が削っている地層はおよそ20億年前のものと言われています。まっすぐな地層を探すほうが難しい日本からやって来ると、そのあまりに長い時間の「平穏」な風景に唖然としてしまいます。

アクセス

JR笠島駅を出て海岸沿いの遊歩道を西へ徒歩10分で到着。最後に真っ暗なトンネルのなかを歩くのでライト持参を推奨。車の場合は、北陸道米山ICを降り、笠島海岸の駐車場をめざす。

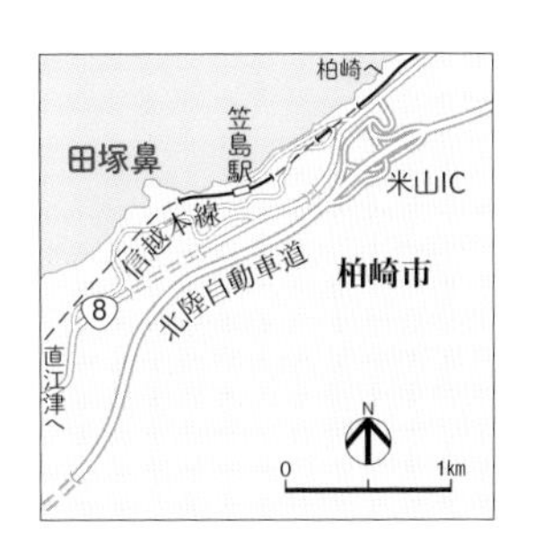

旅のアドバイス

本書では「田塚鼻のスランプ構造」としましたが、柏崎市の天然記念物としての登録名である「牛ヶ首層内褶曲」のほうが一般的で、インターネットでの検索は後者のほうがヒット数は多いです。田塚鼻の断崖は、南西方面に開けているので、観察や写真撮影は順光となる午後からがよいでしょう。また海岸線まで下りなくても、国道8号線の上輪新田交差点から笠島海岸方面に向かった先に、道路脇の高台から断崖を俯瞰できるポイントがあります。案内板も設置してあるのですぐにわかります。ここも午後が順光です。

12 谷川岳の一ノ倉沢

豪雪というナタが削り出した、
日本一緊張感のある絶景

雪崩が磨いた岩壁の滑り台

谷川岳の一ノ倉沢

群馬県
みなかみ町

一ノ倉沢には何度も訪れているので、「これくらいの高さだったかな」と記憶をもとに少し見上げて対面に臨みますが、岩壁はいつもそれよりもはるかに高い位置でそびえ立っています。「やっぱりでかいなぁ!」、思わず感嘆の言葉がもれてしまいます。試しに地図を広げて一ノ倉沢の出合から衝立岩の頂上を見たときの仰角を計算してみると、約37度と出ました。山岳景観で有名な上高地の河童橋から見上げた穂高岳のそれが約20度なので、一ノ倉沢のそびえ方がいかに際立っているかがわかります。

この険しい景観をつくった立役者は豪雪です。冬の日本海側の降雪量の多さは世界的に見ても群を抜いていますが、一ノ倉沢がある谷川岳の東斜面は、北西からの猛烈な季節風に飛ばされた風上側の雪も加わって、さらに積雪が増える場所でもあります。

一ノ倉沢が造形的に優れているのは、丸い谷底から急激に立ち上がる絶壁への変化にあります。それを削り出したのが「氷河」でした。約7万~1万年前にかけての最終氷期に氷河が存在したのは、標高3000m級の日本アルプスか、緯度の高い北海道の高峰が中心でした。標高2000mに少し届かない谷川岳では通常なら氷河はできませんが、桁外れの積雪量のため、一ノ倉沢とその両隣にあるマチガ沢・幽ノ沢には、「モレーン」と呼ばれる氷河が運んだ岩屑などによる堆積地形が確認されています。

そして氷河が削った造形を維持する役目を果たしているのが「雪崩」です。一般に氷河期が終わると岩壁からは無数の岩が落下し、氷の消えた谷底はすぐに埋まります。そこから樹木が生えて緑に変わると、景観の雰囲気も和らぐことでしょう。しかし谷川岳に降る豪雪は雪崩となって谷底の岩屑や樹木を押し流し、岩肌を磨き上げることで、今も険しい緊張感のある姿を維持しているのです。

梅雨入り前の一ノ倉沢です。谷底には周囲の岩壁から落ちてきた雪がまだ10m以上も残っています。写真右に見える半円状にえぐられた部分が雪崩によって磨かれた“滑り台”で、一ノ倉沢の至る所で目にします。このような地形を「アバランチ・シュート（直訳すると、雪崩 avalanche の樋 chute)」と呼びます。

写真は北アルプス立山連峰の中腹にある「悪城の壁」と呼ばれる岩壁です。今はなき立山火山から流れ下った火砕流が厚く堆積してできました。その斜面には、雪崩の通り道になっている溝が何本も見られます。豪雪地帯の山で尾根から谷筋に目をやると、アバランチ・シュートをよく目にします。特に春先など雪解けの時期は岩肌が輝くので目立ちます。

アクセス

散策の起点となる谷川岳ロープウェイの土合口駅までは、JR水上駅から関越交通バスで25分。車の場合は、関越道水上ICから国道291号を谷川岳方面へ。ロープウェイ駅の有料駐車場を利用する。

旅のアドバイス

谷川岳ロープウェイの山麓にある土合口駅から先の道路は、一般車の乗り入れが規制されています。ここから一ノ倉沢までは、徒歩1時間です。アスファルトの整備された道で、歩き始めは少し傾斜がありますが、あとは平坦なブナの森の中を歩く散策路です。岩壁は東に向いてそびえ立っているので、光が当たるのは午前中からお昼ごろまでです。早朝から歩き始めたいので、できれば水上温泉などでの前泊をおすすめします。紅葉の見ごろは例年10月中旬〜下旬で、灰色の岩壁とのコントラストが見事です。

13
袋田の滝
あばたの岩肌が
描く美しき落水模様

13

水冷破砕岩にかかる名瀑

袋田の滝

茨城県 大子町

「滝とは、流水が急激に落下する場所をいい、高さが５ｍ以上で、いつも水が流れているもの」。これは国土地理院の地図に掲載される滝の定義です。海岸線付近まで山が迫る日本にあって、この条件を満たす滝は、有名・無名を合わせると、それこそ星の数ほどに上るでしょう。その膨大な数の滝のなかから袋田の滝は、那智の滝、華厳の滝と共に「日本三名瀑」に選ばれています。その選考過程や理由については特に記録として残っていませんが、白絹を幾筋も垂らしたような落水模様と、四季それぞれに変化する周囲の自然との調和が、高く評価されたのでしょう。

袋田の滝がかかる岩は、およそ１５００万年前に海底火山から噴出した溶岩がもとになっています。日本列島が大陸から離れ、その移動が終わろうとしている頃のことです。西日本の大半は陸地として海上に出ていましたが、東日本の大部分はまだ海の底でした。当時、西日本との海峡だったこのあたりは、海底火山活動が活発で、隣の栃木県の名産である大谷石も、同時期に噴火した火山灰や軽石が海底で堆積してできたものです。

サラサラで粘性の低い玄武岩溶岩が水中に流れ出すと、米俵を重ねたような「枕状溶岩(まくらじょうようがん)」になりますが、粘性の高いボソボソの溶岩が水中に湧き出すと、急冷されて一瞬ではぜて粉々に砕けてしまいます。袋田の滝は、「デイサイト」と呼ばれる粘性の高い溶岩がもとになっています。砕けて細かな火山礫になった溶岩が、次々と水中で堆積してできたのが袋田の滝の岩です。このようにしてできた岩を専門用語で「水冷破砕岩(すいれいはさいがん)」と呼んでいます。

やがて東日本の大地は隆起し、地中にあった水冷破砕岩の大きな岩体は、河川の侵食によって地表に現れ、今では袋田の滝がかかっているのです。破砕岩のごつごつした岩肌が功を奏したのか、流れる水はとても繊細に見えます。

袋田の滝は4段に分かれており、前ページの写真は滝の最上段を望遠レンズで引き寄せて撮影しています。この写真も望遠レンズを使い滝の3段目を撮りました。袋田の滝の特徴である、白絹を垂らしたような落水模様を強調しています。写真からは、角礫の凹凸が水の線に細かいニュアンスをつけていることがわかります。

右側の写真は、袋田の滝の下流に架かる橋から見下ろした水冷破砕岩です。ゴツゴツした表面から火山礫が集まってできていることがわかります。この岩が袋田の滝の岩壁をつくっています。左側の写真は、伊豆半島で撮影した水冷破砕岩のアップです。大きな礫の断面には、冷却時に溶岩に入った放射状の節理（割れ目）の一部が見えています。

アクセス

JR袋田駅から茨城交通バスで滝本へ。観瀑台入口までは徒歩10分。タクシー（茨城交通☎0120-550-867）利用の場合は駅から約5分。道路が渋滞するシーズンは、駅から徒歩（40分）という選択もあり。

旅のアドバイス

袋田の滝を観察するには観瀑台への入場料が必要です（大人300円）。開場時間は5～10月が8：00～18：00、11～4月が9：00～17：00です。滝については、筑波大学の地質情報活用プロジェクトのホームページ内で公開されている「地質観光まっぷ」が参考になります。水冷破砕岩ができる前後の地層の露頭なども紹介されており、幅広い知識をもって滝が観察できます。このほかにも筑波山など、県内15カ所の地形観察地の詳細がダウンロードできるので、特に地元にお住まいの方は大いに活用されるとよいでしょう。

14

大芦川の虎岩

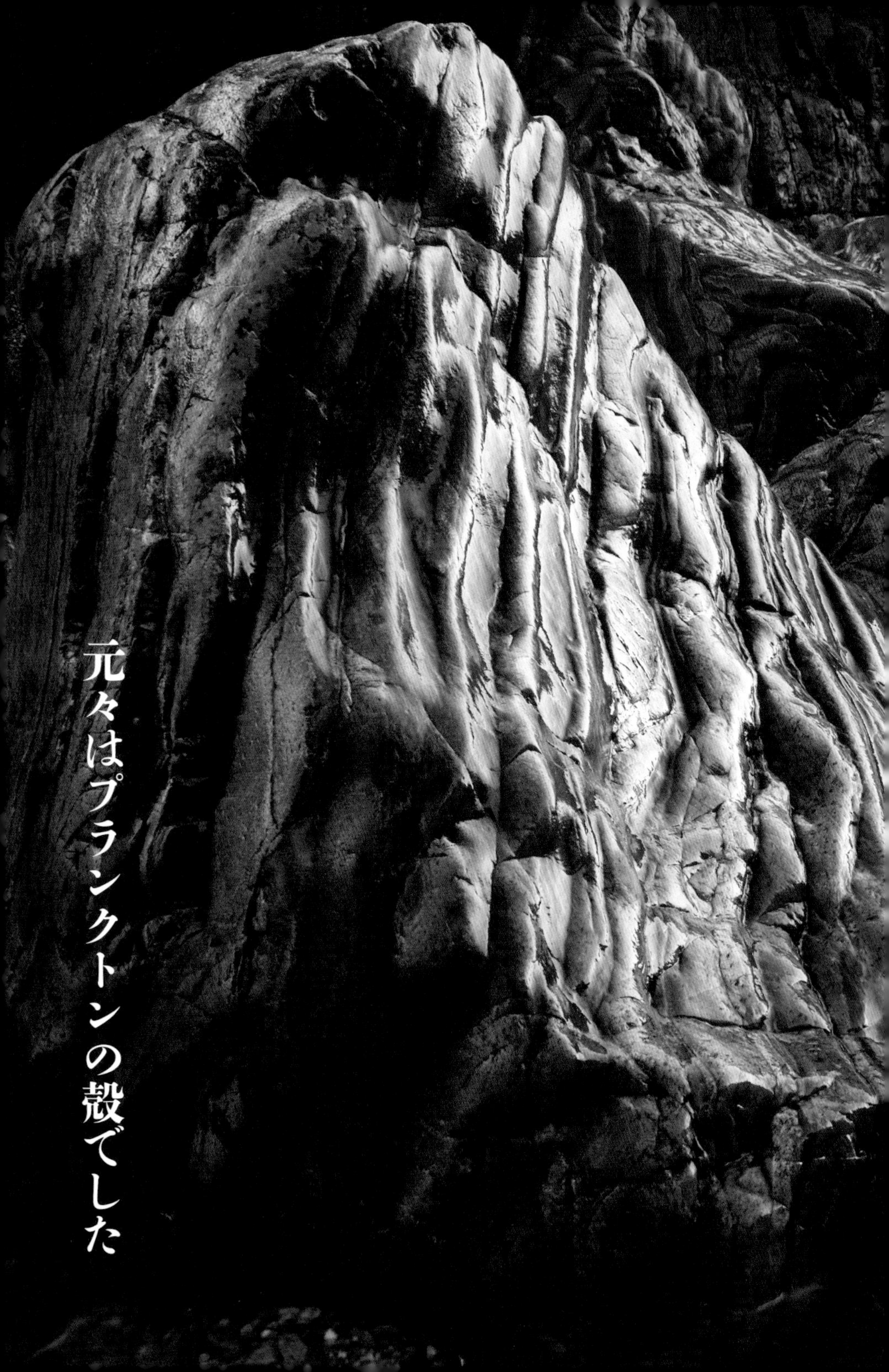
元々はプランクトンの殻でした

14

遠洋深海で生まれたチャート

大芦川の虎岩

栃木県鹿沼市

栃木県の中部にある鹿沼市、そこを流れる大芦川の中流域に「虎岩」はあります。その名のとおり褐色と黒のストライプが印象的で、奇岩好きにはたまらなく魅力的な姿・形をしています。専門的な調査などはまだされていないのか、資料等を探しても見つかりませんでした。岩石名については、そのヌメッとした半透明の質感から約2億年前の「チャート」で間違いないでしょう。縞模様が見られるのもその特徴のひとつです。チャートとはあまり馴染みのない岩の名前ですが、その小石は河原や海岸に行けば、日本中どこでも簡単に見つけられます。

チャートのでき方はロマンチックです。子どものころに見た深海を舞台にしたSFアニメで、何かの浮遊物が海中を雪のように降るシーンがありました。劇中ではそれを「マリンスノー」と呼んでいましたが、まさにそのイメージです。チャートは放散虫と呼ばれる1mm以下のプランクトンの殻（主成分は珪酸質）が海底に堆積してできた岩石ですが、その純度が高くなければチャートにはなりません。純度が上がる条件として、陸から遠いこと、海が深いことが挙げられます。陸から近いと河川から流入した砂泥が混ざり、火山灰も降ってきます。また水深が浅いとその他の成分が混ざります。水深4500mを超えても溶けずに存在できるのは放散虫の殻だけです。このように遠洋の深海では今も放散虫の殻が雪のように（肉眼では見えない大きさですが…）降り積もっているのです。

チャートの具体的な堆積速度は、「5m積もるのに100万年」とも言われます。これは他の堆積岩に比べて極めて遅く、南海トラフでは砂泥層の堆積速度の約千分の一程度という調査結果もあります。虎岩の縞模様の厚さをメジャーで測ると、きっと気が遠くなるような堆積に要した時間が算出されることでしょう。

肌色（褐色も混じる）と黒色の層に分かれていて、肌色が放散虫の濃度が高い層です。黒は火山灰や泥が混ざった泥質のチャート層ですが、その成因についてはまだよくわかっていません。放散虫の数の減少など、海中の環境変化を原因とする説があります。層の乱れは、遠洋で堆積したチャート層が海洋プレートに乗って運ばれてきた後に、大陸に押しつけられて付加した際に褶曲したものです。

チャートは普通に見られる岩石の中ではいちばん硬いと言われています。岩石名の判別法にも「カッターの刃先を当てても傷がつかない」というくだりがあるほどです。その硬さゆえに侵食に強く、切り立った岩壁になることがあります。写真は沖縄の伊江島にあるチャートからなる岩山です。サンゴが堆積してできた真っ平らな島ですが、ここだけが不自然なくらいに突出しています。このような地形を「残丘」といいます。

アクセス

JR鹿沼駅もしくは東武線新鹿沼駅から、鹿沼市営のリーバスにて天王橋バス停まで35分。虎岩までは1.1km、徒歩15分。バス停付近からは虎岩の道案内の看板あり。

旅のアドバイス

虎岩があるのは県道14号沿いにある引田地区です。区内からは道案内の看板も出ているので迷うことはないでしょう。ただし道路脇から虎岩までの下りでは、民家の敷地内を通ります。立ち入り規制のサインが出ていますが、岩の観察や写真撮影に限っては、敷地内の通行を認めてくださっています。見学に際しては、早朝や夜間の時間帯は避けてください。また見学者のための駐車場・トイレはないのでご注意ください。マナーを守っての観察をお願いします。

溶岩流によってできた天然の巨大ダム

奥日光

火山がつくった山上の景勝地

栃木県日光市

日光の市街地から山間部に入り、いろは坂の険しいヘアピンカーブを上り詰めると、いきなり中禅寺湖の開けた風景のなかに飛び出します。さらに戦場ヶ原や湯ノ湖といった広々とした風景が続きます。景勝地としての奥日光の核心部ですが、本来ならこのあたりは、源流の沢が合わさって山を削り、深い谷ができる場所です。いろは坂を上った先で待っているのは深く険しい渓谷の風景になるはずです。奥日光の開けた風景は、男体山をはじめここを取り囲む火山からの溶岩流や火砕流によって、谷が埋められてできたものです。隣接する尾瀬ヶ原や中部山岳の上高地も、同じような成因でできた山上の景勝地です。

一面の平坦地に見える奥日光も、細かく見ると3段に分かれています。火山岩によるダムのような堰が3つあり、その背後には湖や湿原からなる平坦地が続きます。いちばん下流側にある堰は、およそ2万年前に男体山から流れ出た溶岩層で、今は華厳の滝がかかっています。そのときの溶岩流が谷を埋めて川を堰き止め、できたのが中禅寺湖です。観瀑台から滝を取り囲む岩壁を見渡すと、溶岩が冷えて固まるときにできた柱状節理（岩の割れ目）が確認できます。巨大なダムを思わせる溶岩の層の厚さから、火山活動による景観の変貌の激しさを感じます。

2段目の堰は、男体山が噴出した軽石や火山灰が大量に堆積してできました。堰には竜頭の滝がかかり、その背後には戦場ヶ原の湿原が広がっています。もともとはここも湖でしたが、火山の噴出物によって埋まり湿原へと変化しました。最後の堰は湯滝がかかる溶岩層です。この溶岩流は男体山からのものではなく、三岳から流れ出たものです。背後には堰止湖として湯ノ湖が控えています。

奥日光は、四季を眺めるのもよいですが、地形図を片手に地史を想像しながら歩くのも楽しい場所です。

金精峠への道路から振り返って見た湯ノ湖（手前）と男体山です。湯ノ湖の右上にある明るい草もみじの平原が戦場ヶ原です。もともとこのあたりは深い谷があったところで、男体山の斜面を駆け下りた火砕流などが谷を埋め、戦場ヶ原の平坦地をつくった様子が俯瞰できます。同様に、中禅寺湖ができた溶岩流による堰き止めの様子は、明智平展望台から見るとよくわかります。

全長210mの急斜面を流れ下る竜頭の滝です。垂直に水が落下する華厳の滝とは違い、こちらは急流ながら、岩盤の斜面を流れ落ちています。この滝のかかる岩は、溶岩が流れてできたものではなく、火山灰や軽石などの火砕流噴出物が堆積してできています。四季それぞれの表情が豊かで、美しい水の流れとの組み合わせが見事です。

アクセス

JR・東武線日光駅から東武バスの中禅寺温泉行きで約45分。バス停から観瀑台のエレベーター前まで徒歩5分。営業時間等の問い合わせは華厳滝エレベーター（☎0288-55-0030）まで。ハイシーズン中は混雑あり。

旅のアドバイス

日光東照宮のある日光市内から奥日光にかけては、国内でも有数の観光地なのでハード面で困ることはありません。地形観察が目的なら、新緑期や紅葉期前後の平日など空いている時期を選びましょう。華厳の滝は東に面しているので、晴れた日の朝には虹が出ます。太陽の高度が低いほど虹の出る位置は高くなるので、日の出の時間が遅くなる秋ごろに、エレベーターの営業開始に合わせて入場します。観瀑台では三脚の使用は禁止されているので、ISO感度を上げて高速シャッターで撮りましょう。

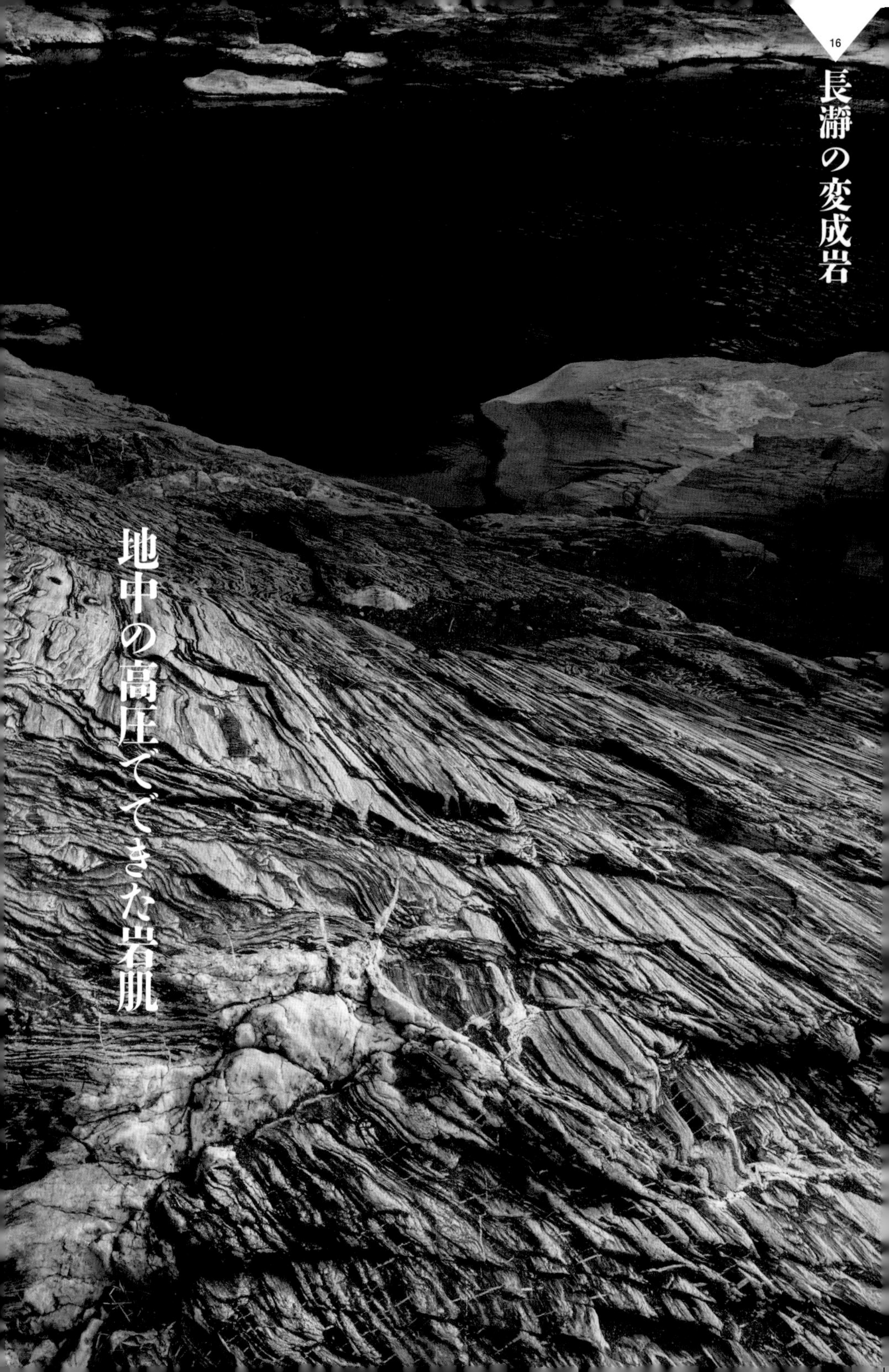

16

長瀞の変成岩

地中の高圧でできた岩肌

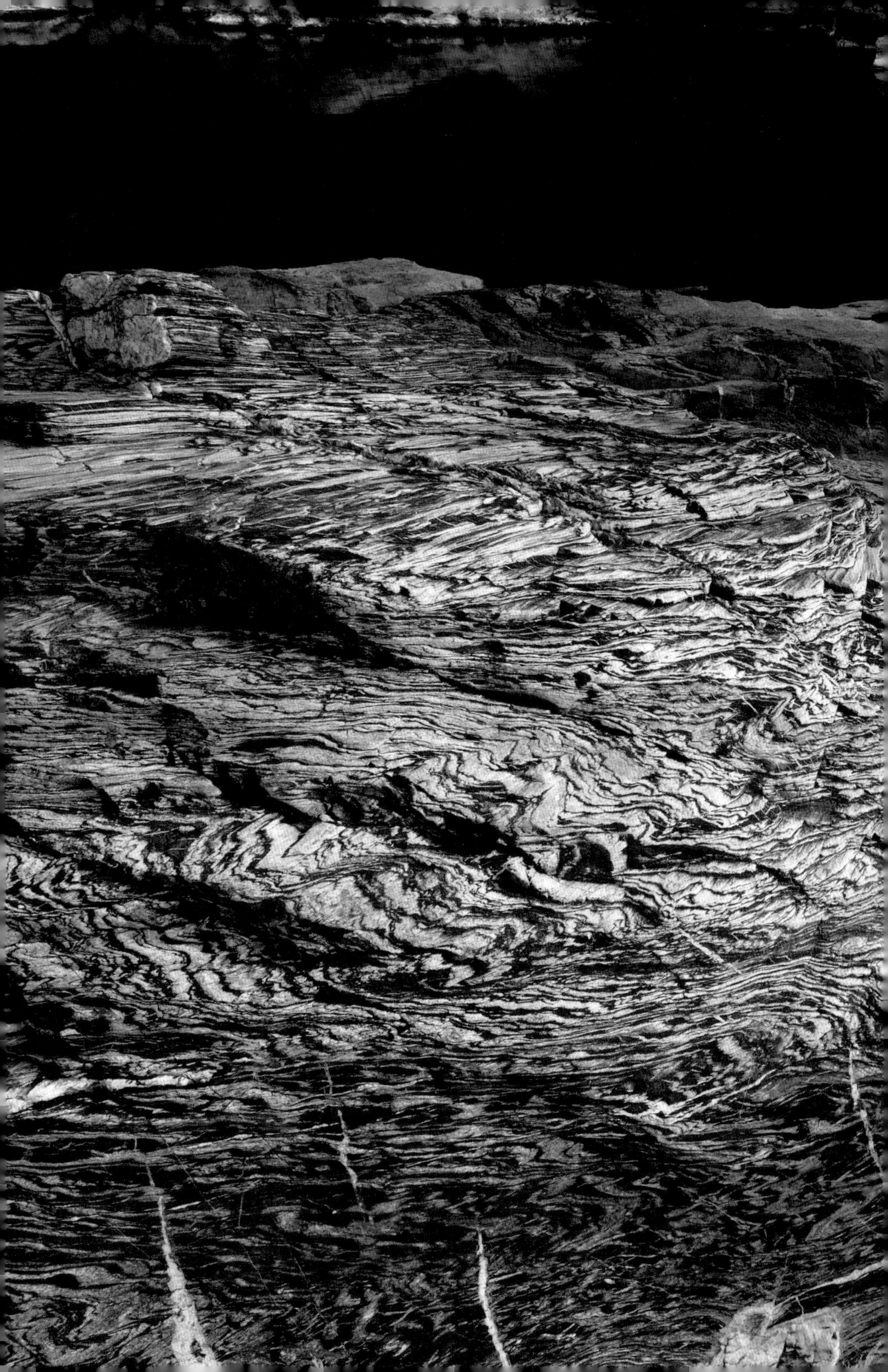

地下で生まれ変わった岩石

長瀞（ながとろ）の変成岩

埼玉県 長瀞町

岩石は、そのでき方によって大きく3つに分けることができます。マグマが冷えてできた「火成岩（かせいがん）」、水中で砂泥などが積もってできた「堆積岩（たいせきがん）」、そしてこれらの岩が熱か圧力によって別の組成に変化した「変成岩（へんせいがん）」です。変成岩はさらに2つのタイプに分けられます。マグマの高熱に直に接する「接触変成岩（せっしょくへんせいがん）」と地下の高圧・高温による「広域変成岩（こういきへんせいがん）」です。用語を覚える必要はなく、その字面から岩石のでき方をイメージしてもらえればよいです。

熱が変成の要因となる接触変成岩ができるのは、地中にたまるマグマのすぐ近くのみで、変成の影響も限定的です。それに対して広域変成岩は、高圧がかかる地下10㎞以下の地中深くでできます。堆積岩や火成岩を地中深くまで運ぶのは、海溝から大陸の下に沈み込む海洋プレートです。海洋プレートの上には移動中に降り積もったさまざまな堆積物がのっています。その大半はプレートが海溝に沈み込む際に「付加体（ふかたい）」となって地上に残りますが、一部はそのままプレートと一緒に地下まで引きずり込まれます。地下10～30㎞あたりにとどまり、その重みで粒子の並び方や組成までもが変化していきます。その影響が極めて広範囲に及ぶので広域変成岩と呼ばれています。

埼玉県西部の山懐に位置する長瀞町の長瀞は、古くからこの変成岩の研究で有名なところで、「日本の地学発祥の地」と呼ばれています。長瀞で見られるのは「結晶片岩（けっしょうへんがん）」と呼ばれる広域変成岩の一種です。荒川沿いの遊歩道を歩きながら、その横に広がる結晶片岩の表面を見ると、本のように薄い岩の層が重なっているのがわかります。一方向から高圧を受けた証拠です。長瀞の風景は眺めるだけでもよいのですが、岩に顔を近づけて、その複雑な模様から「海溝⇒地中深く⇒地上」と変成岩がたどった長い長い道のりを思う楽しみ方もあるのです。

長瀞の結晶片岩のスター的存在である虎岩の表面です。虎岩は「スティルプノメレン」という鉱物が含まれている茶褐色の結晶片岩です（間に挟まっている緑色の岩は、玄武岩を母岩とする緑色片岩です）。白いヒビ割れは「脈」といい、それまで岩にかかっていた圧力が隆起する際に減ったことでヒビ割れが入り、石英や方解石などがその隙間を埋めてできたものです。

皆野町にある親鼻橋の右岸たもとには、もうひとつのスターである「紅簾石片岩（こうれんせきへんがん）」の露頭があります。紅簾石片岩は、マンガンを多く含むチャートが母岩と言われており、その透けるような紅色は見飽きることがありません。写真はその露頭にある甌穴を俯瞰したもので、さまざまな結晶片岩が縞模様になっています。穴の中央の赤系が紅簾石片岩の層です。付近に駐車場はないので、近くにある道の駅「みなの」に車を停めて約10分歩きます。

アクセス

岩畳へは、秩父鉄道長瀞駅から徒歩5分。自然の博物館と虎岩へは、秩父鉄道上長瀞駅から徒歩5分。紅簾石片岩のある親鼻橋へは、秩父鉄道親鼻駅から徒歩10分。2時間あれば、畳岩から親鼻駅まで散歩気分で歩ける。

旅のアドバイス

まずは結晶片岩について知るために、「埼玉県立自然の博物館」を見学しましょう。海底から地中深くにもぐり、そして再び地上に現れた変成岩の道のりを知ることで、岩を眺める目線も変わります。虎岩は博物館前の河原にあります。位置を示す看板はありませんが、横たわる岩のなかでひとつだけ褐色の岩肌に白い脈が走り、虎の模様のように見えるものがあるのでわかります。あとは長瀞駅まで「岩畳」と呼ばれる結晶片岩の上につけられた遊歩道を歩きます。荒川の流れを眺めながらの散策です。

三浦半島の三崎層

海から出たばかり 日本でいちばん新しい付加体です

17

地形の野外博物館として

三浦半島の三崎層

神奈川県横須賀市・三浦市

日本列島の地質は、原則として日本海側から太平洋側に行くほど新しくなります。これは海洋プレートにのって やって来た堆積物が、次々と太平洋岸に付け加えられて陸地になったからです。その日本列島で今、いちばん新しい陸化した付加体のひとつが、三浦半島南部に露出する「三崎層（みさきそう）」です。およそ1200万～400万年前に、今の相模トラフに相当する深海で堆積したこの地層は、フィリピン海プレートにのってやって来た伊豆の島々に押されて列島に付加し、急激に隆起したと考えられています。

三崎層は、半島の南端にある城ヶ島から油壺、荒崎、佐島にかけての西海岸沿いに広がっており、白と黒のメリハリのあるストライプ模様が印象的です。白色の層は流紋岩質の火山灰がもとになったシルト岩（泥岩のうち、やや粗い粒子からなる堆積岩）で、黒色の層は玄武岩溶岩の火山灰層（スコリア）の粒が集まってできた凝灰岩です。白色のシルト岩層に比べて黒色の凝灰岩層は硬質で侵食に強く、波状に突き出るように立っており、三崎層の景観をダイナミックに見せています。

三浦半島は首都圏から近いこともあり、早くから大勢の研究者によって調査されてきました。今では新たな研究者や愛好家のフィールドワークの入門の場になっています。砂泥などが堆積する過程で起こるさまざまな現象や、堆積物がプレートに押されて新たに陸として付加される様子などが、生きた野外資料として足元に広がっているのです。

私自身も三浦半島には何度も通い、資料を片手に地形を観察しながら撮影をしました。そのうち目が慣れてきたからか、少しずついろいろなものが見えるようになり、一般的な風景写真から地形を意識した写真に変化していきました。ここには地形にのめり込み始めたころの楽しい思い出がたくさんあるのです。

黒色の凝灰岩層のアップです。水中では大きな粒が先に沈むので層の中は大から小に並びます。写真では手前に大きな粒が見えます。

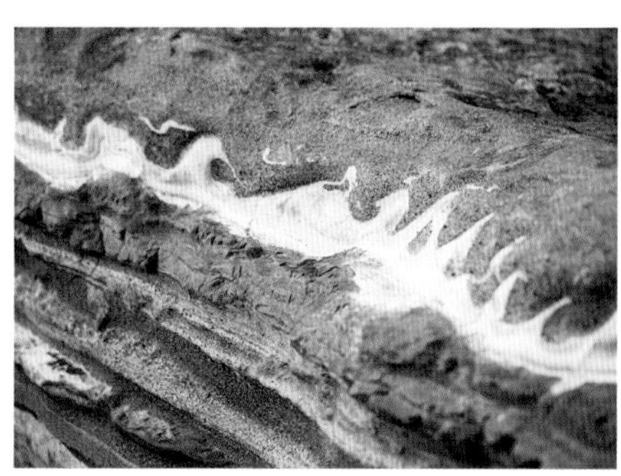

白いシルト岩層の境界が炎の形になっています。未凝固な泥に新たな層が上に堆積し、その重みで境界が乱れたのです。「火炎構造」と言います。

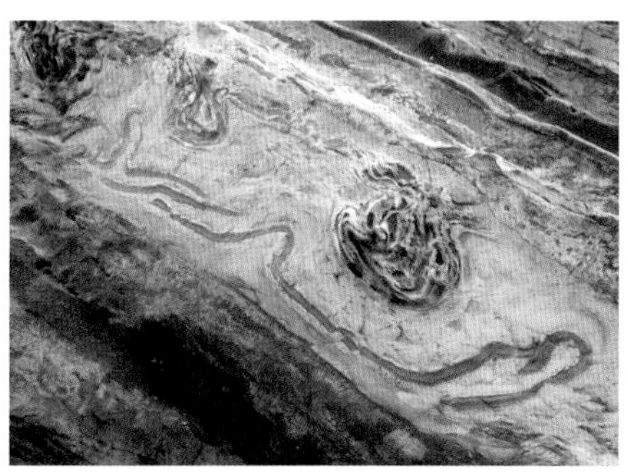

上下の層は平行なのに、真ん中の層内はくしゃくしゃに乱れています。未凝固のときに地震などが引き金になり層内がずれて動いた痕跡です。

断層が動いて地層がずれています。特に珍しいものではなく、城ヶ島を歩くだけで数えきれないほどの断層を見つけられるでしょう。

アクセス

城ヶ島へは、京急三崎口駅から京急バスの城ヶ島行きで30分、終点の城ヶ島で下車。荒崎海岸へは、同じく京急バス荒崎行きで30分、終点の荒崎で下車。京急三崎タクシー（☎046-881-4125）。

旅のアドバイス

三崎層の観察をするなら城ヶ島がおすすめです。専門家の解説を直接聞けるとよいのですが、学校の授業や公的機関が実施したフィールドワークのレポートを活用するのも有効です。ネットで「城ヶ島　巡検」と検索し、観察ポイントを記した地図や写真をプリントアウトして持参します。それらを見ながら歩くだけでも、ずい分色々なことがわかります。三崎層の景観として迫力があるのは荒崎海岸です。地層は大きく傾き、侵食に強い黒い凝灰岩層が波状に突き出ています。前ページの写真も荒崎海岸で撮影しています。

18

かんのん浜のポットホール

ゴトゴトゴトゴト…… 波が玉石を持ち上げて
転がし、岩を削っている

18

甌穴のでき方を垣間見る
かんのん浜のポットホール

静岡県
伊東市

「ポットホール」を日本語にすると「甌穴（おうけつ）」という地形用語になります。そのでき方のモデルパターンとしては、岩の割れ目や窪みに水の流れが集中することで小さな穴になり、さらにそのなかに入った小石や砂が岩肌を研磨することで、徐々に大きくなっていきます。穴の直径や深さはまちまちで、直径1ｍ前後のスタンダードサイズから、5ｍを越える巨大なものまであります。各地で甌穴を見てきましたが、その底には丸まった数個の礫を見つけることよくあります。甌穴を彫った礫たちですが、前ページの「かんのん浜のポットホール」の玉石の場合は、それ自体が主役と言ってもよいほどの美しい球形をしています。

地形の変化は、数千年、数万年以上といった、私たちには感じ取れないほどのゆったりとした時間のなかで進行します。変化や成長がわかりづらいということは、感情移入しづらいということにもつながります。同じ自然界にありながら、動物や植物に比べて地形や地質が日本人に馴染みが薄い理由は、このあたりにあるのかもしれません。それだけにこの玉石の存在は、一目で甌穴ができる過程が動的に理解できるという点でとても貴重です。

波をかぶるポットホールの玉石を撮るために、太平洋沖を低気圧が通り過ぎた翌朝、城ヶ崎海岸に出かけました。撮影地形の〝進行形〟の姿が狙えないかと考えたのです。撮影の準備をしていると、大波が岩壁に当たって砕ける破裂音に続いて「ゴトゴトゴト」と岩が擦れる音が聞こえてきました。甌穴のほうを見ると、その底はすでに海面とつながる穴が開いているようで、そこから波しぶきが吹き上がり、直径70㎝の玉石を持ち上げて回していました。先ほど聞こえたのはこの時の擦過音で、まさに甌穴が彫れる音だったのです。撮影中に何度も聞いたこの音は今もしっかりと耳に残っており、決して忘れることはないでしょう。

かんのん浜のポットホールの全体を俯瞰しています。玉石がはまっている甌穴の外側に、もうひと回り大きな甌穴ができています。それもこの玉石が削ったのかはわかりませんが、今後については、現在直径が約70cmあるその身がなくなるまで、はまり込んでいる甌穴をさらに深く彫っていくのでしょう。しばらく定点で観察を続けてみたい被写体です。

城ヶ崎海岸の柱状節理です。角材を並べたような岩肌は、流れ出た溶岩が冷える過程でできたものです。これらは城ヶ崎海岸全体で見られますが、特に「大淀・小淀」から「さいつな」と呼ばれる岬の間の造形が見栄えよく、地形観察や写真撮影におすすめです。ただし観光地ではないので、ハイキング程度の装備は必要です。

アクセス

城ヶ崎海岸は目的地によって降車する駅と駐車場が変わる。かんのん浜へは「いがいが根駐車場」が起点で、伊豆急行伊豆高原駅から徒歩20分。またはタクシー（伊豆急東海タクシー☎0557-53-0776）を利用。

旅のアドバイス

伊豆を代表する景勝地である城ヶ崎海岸は、約4000年前に大室山から流れ出た溶岩によってできました。海岸線には遊歩道が整備されており、流れた溶岩のしわや、溶岩が冷えた際に収縮してできた柱状節理の割れ目を観察することができます。海岸の岬や入り江には名前がつけられており、ポットホールがあるのは「かんのん浜」という入江です。ただしポットホール自体は険しい岩場の死角にあり、自力で探すのはとても危険です。伊豆半島ジオパーク（☎0558-72-0520）に連絡をしてガイド（有料）を依頼されることを推奨します。

海底火山だったころの記憶

伊豆半島

火山島の衝突でできた半島

静岡県西伊豆町

地質図をご覧になったことはあるでしょうか？ 地層や岩石の種類ごとに色分けされた地図で、それを見ると、例えば自分が住んでいる町がどのような地層や岩石でできているのかがわかります。ビジュアル的にもとてもカラフルで、その模様に対しても自然の造形の妙を感じます。ただ実際は、岩石名ひとつにしても、専門家を対象としたプロ仕様なので分類が細かく、私たちが見てすんなり理解できるほどハードルは低くはありません。

それでも伊豆半島周辺の地質構造の様子は、「すごい！」と感じることでしょう。九州南部から四国、紀伊半島と、地質の帯が太平洋沿岸に沿って平行に並んでいますが、伊豆半島の手前から急に内陸側に向かって大きくへこんで曲がっています。もともとまっすぐだった所に、南からフィリピン海プレートにのってやってきた伊豆半島が衝突し、めり込んだのです。列島を変形させる大衝突の様子が、地質図に現れているのです。

伊豆半島の始まりは、フィリピン海プレート上にできた小さな海底火山の集まりでした。それが本州までやって来て衝突したのはおよそ200万年前のことです。しかし、実際はそれ以前に3つの火山群がすでにぶつかっています。1つめの島は櫛形（くしがた）山地に、2つめは御坂（みさか）山地に、そして3つめは丹沢（たんざわ）山地に姿を変えています。これらの島々は、地質的にはまだその片鱗が残っていますが、景観としては完全に本州に同化しています。その点、伊豆半島はまさに衝突の途上にあり、火山島としての名残りが随所に見られます。前ページの写真の地層は西伊豆の堂ヶ島で撮影したもので、500万～400万年前に海底噴火した際の火山灰や軽石が降り積もってできています。小田原や沼津を過ぎて伊豆半島に入ったら、ここが火山島であることを意識するだけで、景観も違って見えてくることでしょう。

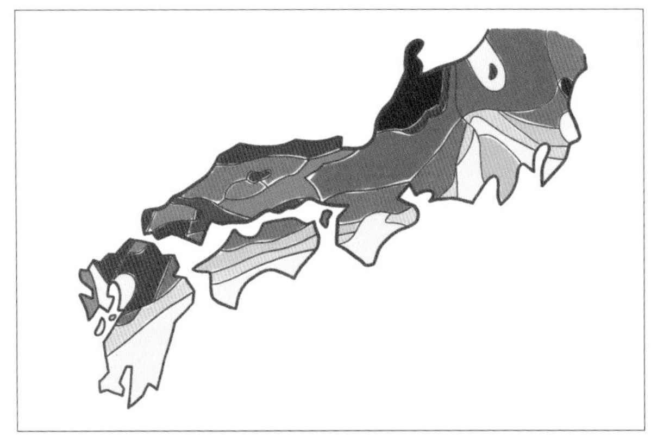

伊豆諸島が本州に衝突したのは、日本海の開裂が終わった直後（1500万年前）です。そのころは西日本と東日本の間には深さ6000mの海峡があり、そこを狙ったかのように衝突しました。もしその位置がずれていたら、本州は西本州、東本州という2つの島のままだったかもしれません。地質図は『絵でわかる日本列島の誕生』（堤之恭著、講談社刊）を参考に作図しました。

左の写真は、西伊豆町一色にある「枕状溶岩」です。前ページの写真を撮った堂ヶ島から車で約10分の距離なのであわせての観察をおすすめします。この岩は約2000万年前に海底に流れ出した溶岩で、伊豆半島で見られる最古の地層と言われています。写真中央の枕のひとつが磨かれていますが、これは見学者のために風化した表面をクリーニングしたもので、枕状の丸い溶岩が重なっている様子がよくわかります。

アクセス

伊豆半島の各地へは、JR伊東駅から伊豆急行に乗り換えて下田方面に入るか、JR三島駅から伊豆箱根鉄道に乗り換えて修善寺方面へ。各駅からは目的地に合わせて路線バスを利用する。

旅のアドバイス

海底火山の時代の地形は、おもに西伊豆から南伊豆の海岸線で見られます。堂ヶ島では火山灰・軽石が層になって堆積し、隣の浮島海岸では、かつての火山内部の岩脈群が岩壁として海面からそびえ立っています。海上に現れて火山島となってからは、伊東や東伊豆周辺にある火山群と、そこから流れ出した溶岩がつくった地形が見どころです。山の中では河津七滝や浄蓮の滝など、かつて谷を流れた溶岩にかかる滝が見られます。岩壁に走る柱状節理が、滝をより印象的に見せています。

富士山は「富士火山」でもある

20

間近で見て知る富士山の素顔

富士山宝永火口(ほうえいかこう)

静岡県
御殿場市

私が初めて間近で富士山と対面したのは、富士宮市にある朝霧高原からでした。標高900mの国道脇から見上げた3776mの富士山は、いわゆる秀麗なあのイメージではなく、地表の一点から突き上げてあの高さまでそびえ立つ、その熱量の大きさに度肝を抜かれた感じでした。火山であることを強く意識した出会いでした。

日本の大多数の火山は粘り気のある溶岩からできていますが、なぜか富士山は粘り気の少ないサラサラの玄武岩質溶岩からできています（粘り気のある溶岩だった時期もあります）。玄武岩質溶岩は高温で、マグマが生成されてから短時間で地上まで上昇し噴火します。地中でモタモタしていると温度が下がり、粘り気があるマグマへと変化してしまうのです。これについては富士山のある位置に理由がありそうです。日本列島は4枚のプレートの上に乗っていますが、そのうちの3枚のプレート境界の真上に富士山があります。「地下深くからプレートの隙間を通って短時間でマグマが上昇した」、そんな風に考えたくなりますが、正確なことはまだわかりません。

火山としての富士山を体感するなら実際に登ってみるのがいちばんです。3776mの山頂をめざすのがたいへんなら六合目にある宝永火口でも十分です。宝永火口は1707年に噴火した火口跡ですが、その存在を知らない人は案外多いようです。観光地である富士五湖あたりから見えないのも、その理由のひとつでしょう。六合目とはいえ標高は2600mを超えており、呼吸を整えてゆっくり歩きましょう。足元は色とりどりの「スコリア」（玄武岩マグマが発泡してできた軽石状の岩石）が敷き詰められています。柔らかい土や硬い岩を踏む普段の山登りの感触とはずいぶんと違い、富士山が巨大な砂山に思えるほどです。遠くから見る富士山とはまったく印象が違います。

宝永山の山頂に続く馬の背から見た宝永火口壁と富士山頂です。「火口」と思って眺めるとそこまでですが、富士山の山体の「断面」と思うといろいろと見えてきます。たとえば、大口を開けたように見える火口壁に対して直交する縦方向の岩の筋が何本かあります。それは富士山の体内を縦横無尽に走るマグマの通り道（岩脈と言います）で、メインの火道が大動脈だとすると、末端部の毛細血管のようなものです。

噴火時に空中で飴のように伸びて変形した火山弾です。触るとまだ熱いのではないか、押すと曲がるのではないかと思えるほど、硬い岩なのに柔らかさを感じます。岩が真っ赤に染まっているのは、高温で空気に触れて溶岩に含まれる鉄分が一瞬で酸化したためです。

アクセス

宝永火口への起点は富士宮口の五合目。登山バスなど、さまざまなアクセス手段がある。詳細は富士山の登山ガイドを参照。車の場合、規制期間中は水ヶ塚公園（有料）でシャトルバスに乗り換えて五合目へ向かう。

旅のアドバイス

宝永火口へのトレッキング適期は、梅雨明けから9月末までです。富士宮口五合目のレストハウスから六合目の山小屋までが40分、山小屋から第一火口縁の分岐までが10分、そこから火口底を経由して宝永山山頂までが1時間です。午後からは雷雨の心配もあるので朝から登り始めましょう。このほかに富士火山を実感できるのは、864年の貞観大噴火の溶岩流でできた青木ヶ原樹海です。サラサラの溶岩が流れた際のシワや、風穴と呼ばれる溶岩トンネルなどが点在しています。富岳風穴付近の樹海は道も整備されていて、散策に最適です。

横川の蛇石

渓谷に横たわるシマヘビ、その成り立ちは?

21

石英脈が描く縞模様の奇岩

横川の蛇石(じゃいし)

長野県
辰野町

渓流に突如現れた、縞模様のある赤茶色の岩。「蛇石」と呼ばれるこの不思議な造形の岩ができた過程を想像してみましょう。今は地上にありますが、すべては地中であったということを念頭に考えてみてください。

その過程は大雑把にみて4つの段階を経ています。第1段階は、暗灰色の岩(粘板岩(ねんばんがん))の地層に、地下から上昇してきたマグマが割って入り込みます。中で冷えてできたのが蛇石の土台となる赤茶色の岩(閃緑岩(せんりょくがん))です。第2段階は、この赤茶色の岩にほぼ均等な間隔で亀裂が入ります。第3段階では、その亀裂を白い「石英脈(せきえいみゃく)」が埋めることで蛇の白い縞模様になりました。

石英脈とは、石英の成分が溶けた「熱水(ねっすい)」が岩の割れ目などに注入し、沈殿してできたものです。地中深くでは、私たちが考える以上に大量の水が循環しており、地下の高圧下では、水は100℃でも沸騰せず、300℃を超えることもあります。これを熱水と呼んでおり、石英以外にも、さまざまな鉱物の成分が溶け込んでいます。もし金の成分が含まれる熱水が沈殿したら金鉱脈になるのです。

蛇石が人目を引くのは、石英脈がほぼ等間隔に、しかも赤茶色の閃緑岩にだけ入ったからです。もし下地の粘板岩にまで縞模様が広がっていたら造形的にはマイナスです。この理由については、現地の解説板に記述はなく、個人的にはマグマが冷えた際に体積が収縮したためと思っていましたが、たまたま読んだ専門書に「ブーディン構造を示す」という記述を見つけました。どうやらこのあたり全体の地層が横に引っ張られ、何らかの理由で赤茶色の岩のみに等間隔の裂け目が入ったようです。

そして最後に第4段階として大地が隆起し、柔らかい暗灰色の岩のみが侵食されて削られ、中から蛇石が現れたのです。どうでしょう、なかなかの奇跡だと思いませんか。

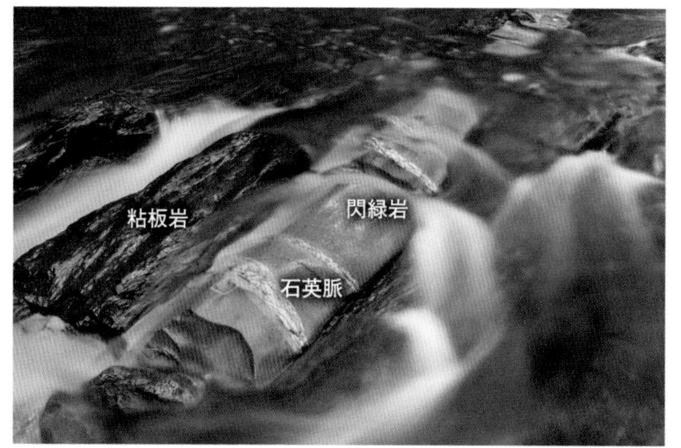

少し上流側の蛇石です。暗灰色の粘板岩の地層が川に侵食されてなくなり、その中から赤茶色の閃緑岩が現れようとしています。この角度から見るとマグマが粘板岩の地層を割って貫入した様子がよくわかります。赤茶色の閃緑岩にはすでに白い石英脈が入っており、しかも外側の粘板岩には脈が続いていません。中身の閃緑岩だけ裂けて外側の粘板岩はそのまま、本当に不思議です。

閃緑岩だけでなく、粘板岩にまで石英脈が伸びている箇所が少数ですが見られます。このようなイレギュラーな事例の理由を考えるのも地形巡りの楽しみのひとつです。この箇所については、双方の岩によって石英脈の太さが異なる点に着目しました。ついつい両者は同時に裂けたと思いたくなりますが、閃緑岩の貫入前、先に粘板岩の地層に断層による小さなヒビが入ったと考えるほうが、辻褄が合うような気がしました。

アクセス

蛇石付近まで行くバスはないので、JR辰野駅からタクシーを利用する（辰野タクシー☎0266-41-1125）。駅から現場までは約30分。車の場合は、中央道伊北ICを降り、国道153号から県道201号に入り横川ダムをめざす。

旅のアドバイス

蛇石の見学に際しては、間近で観察するなら長靴の持参を推奨します。ただ梅雨時や大雨の後など川の水量が多いときは、急な流れに足を取られて危険です。蛇石も大部分が水中に沈んでおり、姿を見ることもできません。写真撮影が目的なら、脚が広く開くローアングル対応の三脚を使い、蛇岩の高さから広角レンズで撮るとスケールが出ます。またバケツを用意し、乾いた部分を濡らしておくと、蛇石の模様が浮き立って撮りやすくなります。

22 槍・穂高連峰

山頂に立ち、
6万年前に流れていた氷河の音を聞く

氷河が削った気高き峰々

槍・穂高連峰

長野県
松本市

標高の高い山や高緯度の寒冷地では、解けずに残った雪は、その重みで氷へと変化します。分厚くなったその氷の塊は、重力の影響を受けて少しずつ下に動きはじめます。これが氷河です。

日本アルプスの稜線付近には雪渓が多数ありますが、これらと氷河の違いは、氷体として流れているか否かにあります。少し前までは現在の日本に氷河はないとされていましたが、調査の結果、鹿島槍ヶ岳のカクネ里や剱岳の一部の雪渓が氷体として流れ下っていることがわかりました。小規模ながら今の日本にも氷河は存在するのです。

前ページの写真は北アルプスの蝶ヶ岳から見た槍ヶ岳と穂高連峰です。この山々には現在氷河はありませんが、写真には、約6万年前にスイスアルプス並みの大きな氷河が流れていた痕跡がリアルに写っています。まず画面中央と右端に大きな谷がありますが、その断面がU字形になっていることに着目します（特に右側の槍沢が明瞭）。一般的な渓谷の場合、流れる河川が谷底の一点を削るので断面は鋭角的なV字形になりますが、氷河の場合は固体である氷が谷底全体を削るので丸い「U字谷」になります。

さらに山頂直下には、スプーンで山体をすくったような大きな窪みが並んでいます。これは「カール（圏谷）」と呼ばれる地形で、稜線から風で飛ばされた大量の雪が雪崩となり、それが厚く堆積することでできた氷河の源流部です。氷の重みで山体が丸くえぐられカールという器ができて、そこからあふれた氷河が谷を流れ下るのです。

山々を眺め、カールやU字谷の存在が見抜けたら、そこを真っ白な氷河で埋めることで空想は完成します。山頂から眺める大展望は登山者への最大のご褒美ですが、氷河について少しの知識があると、氷河期の槍・穂高連峰への山旅も可能なのです。

山頂稜線の直下には、大小さまざまな大きさのカールが並んでいます。そこからあふれた氷河が合流し、谷をU字に削りながら流れていました。またカールとカールが接する尾根は、両側から氷河に研磨されて刃のようなアレート（鎌尾根・ヤセ尾根）になります。さらに3〜4つのカールが接する中心には、尖ったホルン（氷食尖塔）が形成されます。写真右端に見える槍ヶ岳山頂がそれです。

スイスアルプスのゴルナー氷河です。氷河の流れと平行に走る茶色の縞模様は岩屑の堆積で、上流で氷河の支流が合流した際に双方の岩屑が合わさってできたものです。涸沢からの氷河と本谷からの氷河が合流した後も、このような模様ができたことでしょう。想像のなかの氷河にこれを描き足すだけで、リアリティが増します。

アクセス

登山口は上高地となる。JR松本駅からは松本電鉄とアルピコバスを乗り継ぎ、またJR高山駅からは濃飛バスで上高地へ。上高地はマイカー乗入れが禁止されているので、沢渡（さわんど）か平湯の有料駐車場を利用する。

旅のアドバイス

標高2677mの蝶ヶ岳は、北アルプスのなかでは比較的安全に登れる入門の山です。ただし登山口となる上高地からの標高差は1100mもあるので、それ相応の体力は必要です。行程の詳細は登山専門のガイド本をご覧ください。また本格的な登山が無理な方は、上高地の河童橋から穂高連峰を見上げてみましょう。正面の大きな谷（岳沢）にもかつては氷河が流れていました。ギザギザの迫力ある稜線ばかりに目が行きがちですが、よく見るとこの谷も断面がU字形になっています。

ようこそ雲上の
野外彫刻展に

23

寒気と風化でできた山上のオブジェ群

燕岳（つばくろだけ）

長野県
安曇野市

北アルプスの燕岳は登山者に人気の山です。比較的短時間で山頂に立てる立地や、高山植物の女王と称されるコマクサが群生していること、設備が整った山小屋があることなど、その理由はいろいろ挙げられます。地形的にも花崗岩の奇岩が林立するその景観は、野外彫刻展を見るようで、他の山にはない大きな魅力となっています。

標高2763mの燕岳は花崗岩でできた山です。花崗岩はとても硬質ですが、風雨にさらされると風化しやすいという性質もあります。岩の表面はゴマ塩のように、白い石英・長石、黒雲母などの鉱物が隙間なく結合して並んでおり、見るからに硬質という感じがします。ただそれぞれの鉱物は温度に対する膨張率に差があるため、長い時間、野外で寒暖を繰り返すうちに互いの結合力が徐々に弱まります。これが「風化」のはじまりです。花崗岩の場合、黒雲母などは小さく粉砕されますが、硬い石英は粒として残る傾向があり、風化が進むと白い砂へと姿を変えます。これを「マサ（真砂）化」と呼んでいます。燕岳の山肌に広がる白砂は花崗岩がマサ化したものであり、立ち並ぶ岩塔はマサ化から残った硬い部分です。

山小屋から山頂への登山道を歩きながら花崗岩を眺めていると、風化のさまざまな段階が目に入ります。それは制作途中の彫像が並ぶ、美術大学の彫刻科のアトリエのようです。石彫の制作でまず行うことは、大きな岩を適度な大きさに割ることです。燕岳では、これを山独特の寒気がやってくれます。岩のヒビ割れにしみ込んだ水は寒気で凍結すると体積が増すので、くさびを打つように岩を割ります。これを繰り返すうちに適度な大きさになり、同時にマサ化が進むと硬い直線が柔らかいカーブへと変化します。こうしてできたのが燕岳の岩塔群です。しかしこれも一時のもので、いずれ砂になって消えてしまうのですが。

9月下旬、燕岳の稜線は一足早く紅葉を迎えます。背の高い木が生えない「森林限界」地帯の紅葉は、ハイマツの緑との対比が美しく、樹林帯の錦秋とはひと味違います。花崗岩の縦の割れ目は、もともと岩に入っていた小さなヒビを起点に、山の厳しい寒気がくさびを打ち込むように割ったものです（これを凍結破砕作用といいます）。さらに不安定な部分が倒壊することで、残った岩が塔へと姿を変えていきます。

大分県の国東半島にある黒津崎海岸で見つけた花崗岩の風化の様子です。岩の中に硬い玉石があり、玉ねぎの皮をむくように現れるその印象から「たまねぎ状風化」と呼ばれています。縦横に何本も入った岩の割れ目からしみ込んだ水により、四方八方から同時に風化が進んだためと思われます。

アクセス

登山口である中房温泉までは、JR穂高駅からタクシー会社の乗合バス（南安タクシー☎0263-72-2855）で1時間。車の場合は安曇野ICでおり、登山者専用駐車場まで。登山口付近の駐車場は台数も限られ混雑する。

旅のアドバイス

燕岳の登山口から稜線に建つ山小屋（燕山荘）までの標高差は約1300m。実はこの登りは北アルプス三大急登のひとつであり、登山道自体に危険はほとんどない初級レベルですが、これを登りきる体力が必要です。岩塔の立つ風景をしっかり観察するためにも燕山荘で1泊する予定で臨みましょう。特に月夜の燕岳は、白い岩塔が月光に浮かびとても幻想的です。ただ7〜8月の山小屋はたいへん混み合うので、静かに山で過ごしたいのなら夏休みが終わった9月の平日がねらい目です。

立山室堂

溶岩流がつくった山岳絶景の展望台

消えた立山火山の遺産

立山室堂（たてやまむろどう）

富山県
立山町

　長野県大町市と富山県立山町とを結ぶ山岳観光ルート「立山黒部アルペンルート」、そのハイライトとなる絶景地が室堂（標高2450m）です。ターミナルの建物から外に出ると台地状の空間が広がっており、それを取り囲むように立山連峰の3000m級の山々がそびえています。遠くから眺める山とは違い、間近に迫る北アルプスの岩峰からは、美しさを超えた気高さを感じます。

　整備された遊歩道を歩くと、立山連峰を水面に映すミクリガ池やミドリガ池、ゴーゴーと音を立てて噴気を上げる地獄谷といった見どころが次々と現れます。室堂の平坦な台地は、上部から流れ込んだ溶岩流が谷を埋めてできたもので、ミクリガ池や地獄谷の窪地は、その溶岩層の下で発生した水蒸気爆発の火口跡です。このように書くと「立山連峰は火山なのか」と思われるかもしれませんが、そうではありません。立山連峰をはじめ、剱岳や大日岳はすべて花崗岩からできています。1億9000万年前、大陸の地下深くで生まれたとても古い岩石で、それが隆起して山になったのです。では室堂の平坦地やミクリガ池をつくった火山はどこにあるのでしょう。

　ターミナルから徒歩1時間のところにある室堂山の展望台まで登ると、薬師岳から槍ヶ岳までの展望が開けます。そして何より目を引くのは眼下に大きく口を開ける「立山カルデラ」と呼ばれる崩壊地です。かつてここには立山連峰と同じくらいの標高の「立山火山」がそびえていました。約10万年前、ここから流れ出た溶岩や火砕流が谷を埋め尽くしてできたのが、室堂やその下の弥陀ヶ原（みだがはら）の平坦地です。残念ですが立山連峰と双璧をなすはずだったこの火山は跡形もなく崩れ去ってしまいましたが、その遺産ともいうべき弥陀ヶ原や室堂には山へ続く道が拓かれ、古くから多くの人を立山信仰に導く土台となったのです。

剱岳（標高2999m）は、「立山曼荼羅」ではいつも地獄に鎮座する針の山として描かれています。立山連峰の優しい姿との対比が絶妙です。

別山（標高2880m）から俯瞰した室堂全景です。かつて写真左上にあった立山火山から火砕流・溶岩が流れ出て谷を埋めました。

落差350mある称名滝の岩壁は、すべて立山火山からの火砕流が堆積してできた溶結凝灰岩です。立山火山のすごさを感じます。

室堂山の登山道脇にある羊背岩（ようはいがん）です。立山火山から流れ出た溶岩が、その後の氷河の底で研磨されて丸くなりました。

アクセス

アルペンルートの玄関口は、長野側がJR信濃大町駅、富山側が富山地鉄立山駅。車の場合は、扇沢と立山駅前に駐車場あり。ハイシーズン中は、駐車場、アルペンルート共に大混雑する。時間に余裕をみておくこと。

旅のアドバイス

立山の成り立ちは、花崗岩が隆起して立山連峰ができた時代、室堂や弥陀ヶ原ができた立山火山の時代、氷河が立山連峰を削った時代に分かれます。室堂からはすべての時代の痕跡が見えますが、知識の整理も必要です。立山駅横にある立山カルデラ砂防博物館では、豊富な展示で立山の地質や動植物などが紹介されています。時間を見つけて立ち寄ることをおすすめします。室堂は安全に標高3000mの自然環境を体験できる稀有な観光地です。できれば季節を変えて何度も足を運び、その変化を感じてほしいと思います。

東尋坊

溶岩の収縮でできた割れ目

柱の太さが意味すること

東尋坊（とうじんぼう）

福井県
坂井市

世間でいちばんよく知られている地形用語は、おそらく「柱状節理（ちゅうじょうせつり）」ではないかと思います。その成り立ちは説明できなくても、あの角材を並べたような景観は、すぐに目に浮かぶのではないでしょうか。その代表的な景勝地のひとつが福井県の東尋坊です。ここの柱状節理は角材サイズをはるかに超えており、林立する丸太のような岩の柱が景観の大きな特徴となっています。

柱状節理ができるのはおもに、火口から流れ出た溶岩か、地表近くの地層中に貫入したマグマか、高温の火山灰が溶けた溶結凝灰岩のどれかです。比較的短時間で冷えることが重要で、冷却が進むと体積の収縮が起こり、そのひずみが規則正しい割れ目となって岩に現れます。東尋坊の柱状節理の場合は、およそ1300万年前、地表近くの堆積岩の地層と地層の間に平たく入り込んだマグマが冷えてできたものです。このようなマグマの貫入の形態を「岩床（がんしょう）（シル）とも言います）」と呼んでいます。

一般に柱状節理は、ゆっくり冷えるほど太い柱になります。また、たまったマグマは外側から内側に向かって冷えてゆき、最後に中心部がゆっくり冷えて固まります。これを踏まえて考えると、東尋坊で一番太い柱が集中するあたりが、かつての岩床の中心部だったことになります。柱状節理のサイズを調べることで地中にたまっていた頃のマグマの形状が推測できるのです。実際に調査をすると、土産物屋が並ぶメインストリートが断崖に突き当たった左手、「千畳敷」と呼ばれるあたりが岩床の中心であったと結論付けられました。しかもその形は中央部が膨らんだ丸餅のようだった事もわかりました。日本海の荒波に侵食されて、すでにその3分の2がなくなってしまいましたが、頭のなかで東尋坊とその巨大な丸餅を重ねて眺めると、風景がより大きく見えるのです。

4m近い太さの柱状節理が並ぶ千畳敷です。このあたりが東尋坊をつくった岩床（シル）の中心部であったと考えられています。ここはかつて採石場として利用され、写真の左側の平坦面はその名残りです。採石された岩は船で運ばれ、付近の三国港の護岸整備に使用されました。遊歩道を下りて柱状節理を間近で見ると、あらためてその太さに驚かされます。

東尋坊から南西に約20km、車で約30分走ったところにある鉾島（ほこしま）です。国道305号沿いにあるのですぐにわかります。鉾島も東尋坊と同じく安山岩からなり、できた年代もだいたい同じ1400万年前ごろです。岩に近寄ると柱状節理と直交するように溶岩が流れた痕跡である「流理（りゅうり）」が観察できます。

アクセス

JR芦原温泉駅から京福バスで東尋坊まで40分、断崖までは徒歩5分。えちぜん鉄道三国駅からは京福バスで10分。車の場合は、北陸道の金津ICか丸岡ICから、共に約20km、約30分。

旅のアドバイス

東尋坊は日本海に面した断崖です。観察するなら天候が安定する春か秋をおすすめします。特に冬は北西の季節風が強く、足場の悪い東尋坊では決して落ち着いての観察はできません。時間的には岩壁が順光となる午後がよいでしょう。遊覧船も運航されており、海から見る柱状節理が林立する様は圧巻です。また東尋坊の北側には「雄島」という小島（橋でつながっています）があり、ここでも柱状節理と、板状に割れ目が入った「板状節理（ばんじょうせつり）」が見られます。

「鎧岳」まさに柱状節理の鎧をまとっている

鎧岳（よろいだけ）

大火砕流発生の証拠

奈良県
曽爾村（そにむら）

室生（むろう）から三重県の名張（なばり）市に向かって県道81号を走っていると、目の前にいきなり大きな三角錐の岩峰が現れました。標高894mの鎧岳です。岩壁に走る縦の柱状節理がその鋭さをさらに強調しています。のどかな山村風景に馴染まないこの唐突な姿は、映画『未知との遭遇』のラストシーンに出てきた「デビルスタワー」と呼ばれる柱状節理の孤立峰を連想します。思わず車を路肩に停めて、しばらくあっけにとられて見上げていました。

曽爾村には、このほかにも兜岳（かぶとだけ）や山桜で有名な屏風岩など、柱状節理からなる岩山が点在します。これらは1500万年前には一枚の分厚い火山岩の層として連なっていました。その間が谷として侵食されたことで個々の山になったのです。この柱状節理が走る岩の正体は溶結凝灰岩（ようけつぎょうかいがん）です。火砕流によって噴出した高温の火山灰が自らの熱と自重で溶けて固まってできた岩石です。分布の範囲は、東西約30km、南北約15kmにわたっており、かつてこのあたりで大規模な火砕流が発生したことを物語っています。しかし曽爾村周辺はもとより、現在の紀伊半島にはその発生源と言うべき火山やカルデラは見当たりません。隆起の激しい紀伊半島では、当時地表にあった火山はすでに侵食されてなくなってしまったのです。

では地下の痕跡はどうなのだろうと思い地質図を見ると、曽爾村から約30km南に下ったところに、楕円状の大きな断層がありました。ちょうど大台ヶ原がその一角にかかります。まだ断定には至らないそうですが、どうやらそこが大火砕流の発生源となったカルデラ跡ではないかということです。もしそうならかつてこのあたり一帯も溶結凝灰岩の層が広がっていたことになり、火山灰の総噴出量を概算すると、阿蘇山の噴火を超えるような世界最大クラスの超巨大噴火が起こった可能性があるのです。

曽爾村を代表する桜の名所である屏風岩公苑です。ソメイヨシノの姿はほとんどなく、風格のある山桜の巨木群が柱状節理を背景に咲き誇ります（例年の見頃は4月20日前後）。また桜の葉が染まる秋の紅葉もみごとです。柱状節理の規模は、幅が約2km、高さは約200mもあり、柱状節理の岩壁としても国内有数の規模を誇ります。曽爾村役場から約1時間歩くか、タクシー（大手タクシー☎0745-94-2040）を利用します。

三重県名張市にある赤目四十八滝は、渓流沿いに次々と現れる滝を眺めながら歩く人気のハイキングスポットです。新緑や紅葉はもちろん、降雪直後の雪景色や滝が凍る氷瀑など、四季の変化も見どころです。この険しい渓谷をつくっているのも、曽爾村で見たのと同じ溶結凝灰岩です。写真は、渓谷内にある布曳滝（ぬのびきだき）とその横にある柱状節理です。アクセスは、近鉄赤目口駅から三重交通バスで滝の入口まで。

アクセス

近鉄名張駅から三重交通バスで45分、曽爾村役場前で下車。鎧岳のビューポイントは、役場前の道と県道81号が合流する三差路あたり。車の場合は、名阪国道針ICから国道369号へ、約30km、約40分。

旅のアドバイス

現地に着いたら鎧岳の柱状節理と遠くに見える屏風岩をつなげて、一層の溶結凝灰岩層を想像してみます。きっとそのスケールの大きさに身震いすることでしょう。しかしそれでも全体から見るとほんの少しの面積を想定したに過ぎません。人の視界には広がりの限界があります。それをフォローしてくれるのが地質図で、鳥瞰的な広い視野を持つことができます。産業技術総合研究所地質調査総合センターが公開している「シームレス地質図」は、スマホやパソコンで閲覧可能な日本全国の地質図です。地形観察の旅のお供におすすめします。

27

那智の滝

落差133mの直瀑だけが放てる
神の気配

マグマだまりを流れ落ちる

那智(なち)の滝

和歌山県
那智勝浦町

聖地・霊場は、その内側から生まれるものではなく、外からやって来た人が見い出して、意味づけをし、その存在を広げていくものだと思います。紀伊半島の南端に位置する熊野の場合、平安時代の上皇が見い出し、繰り返し詣でることで、その存在が日本中に知られることになりました。熊野はちょうど京都の南に位置し、その間には紀伊山地のうっそうとした山が広く横たわっています。険しい峰々の向こうにある熊野は、上皇にとっては地の果てにある生まれ変わりの浄土に思えたのでしょう。暗い森の中の参詣道を何十日も歩き、ようやく目にする明るい太平洋の水平線と、そして振り返った先に輝く那智の滝の一条の流れ、これほど完璧なロケーションはありません。熊野は、京都から見た地形の妙が生み出した聖地だと言えます。

那智の滝の土台をつくったのは、地中深くで冷えて固まったマグマです。紀伊半島をはじめ西日本の各地では、およそ1500万年前に大規模な火山活動が起こりました。ちょうど日本列島が大陸からの分離・移動を終えようとしているころです。太平洋の海底では、小さなプレートだったフィリピン海プレートが拡大し、西日本の下に沈み込み始めます。地下からマグマが供給されることで面積を広げたフィリピン海プレートはとても熱く、それが沈み込むことで西日本の地下も温度が上がり、大量のマグマが生成されたのです。

その後1500万年という時間が過ぎるなかで大地は大きく隆起し、火山自体は侵食されてなくなり、今やその地下構造が西日本各地の地表に現れています。あの見上げるような那智の滝の岩壁は、かつての「マグマだまり（火山の下にあるマグマの貯蔵庫）」の末端部ではないかと考えられています。大量のマグマを蓄えた巨大なマグマだまりが、落差133mの日本一の直瀑を生んだのです。

毎年7月14日に行われる熊野那智大社の例大祭「那智の火祭」の様子です。これは年に一度、熊野の神様が扇状の神輿に乗って、熊野那智大社から那智の滝まで里帰りをされる神事です。松明の炎で神様が通られる参道を清めます。そびえ立つ岩壁と杉の巨木の下、滝と炎の共演は、見る者を神々の世界に誘います。

2011年9月の紀伊半島豪雨では、熊野全体で大きな被害が出ました。那智でも那智川があふれて多くの方が亡くなっています。写真はそれから半年後の那智の滝です。崩落した真っ白い花崗斑岩がそこらじゅうに転がり、那智の滝の直下にあった「文覚の滝」を埋めてしまいました。私たちは苔むした古びた雰囲気に神さまの存在を感じ魅了されがちですが、それと神性を混同してはいけないと、この光景を見て思いました。

アクセス

JR新大阪駅から特急くろしおに乗車し、約4時間で紀伊勝浦駅に到着。駅からは那智山行きの熊野交通バスに乗り滝前バス停まで。車の場合は、関西方面からは近畿道、阪和道を経由し那智勝浦町まで、約3時間30分。

旅のアドバイス

熊野へ向かうなら、海岸線ではなく紀伊山地のど真ん中を走る国道をおすすめします。国道168号線には奈良の五條から和歌山の新宮までを走る路線バスもあります。平安時代の熊野詣でを追体験するわけではありませんが、熊野をより理解するためには、険しい紀伊山地を越えるという通過儀礼があったほうがよいと思うのです。暗い山岳風景から明るい太平洋への場面転換は、熊野信仰そのものです。特急ですんなり熊野にやって来て、いきなり那智の滝を見るなんてもったいないと私は思います。いかがでしょうか？

28

橋杭岩

絶景でもあり、
大津波が去ったあとの風景でもある

絶景のなかの災害の記録

橋杭岩（はしぐいいわ）

和歌山県
串本町

前ページの橋杭岩の写真を見ると、鋭角的に尖った岩塔の厚みがそろっていることから、もともとは巨大な一枚の平たい岩だったと推測できます。これは約1500万年前、地下深くから湧き上がってきた流紋岩質（りゅうもんがん）のマグマが地層のヒビを押し広げて貫入し、その中で板状に冷えて固まったものです。専門用語では「岩脈（がんみゃく）」と言います。国道に面した道の駅から見る橋杭岩は、日本を代表する奇岩風景のひとつです。特に夏の朝は、その鋭角的な岩のシルエットと朝日が重なるため、全国から大勢のカメラマンが集まります。雄大な風景に目を奪われますが、最近では橋杭岩の手前に転がる大きな岩にも注目が集まっています。

これらはかつて橋杭岩の一部であったものが、大津波により陸側に打ち寄せられた「津波石」です。以前取材中に、四国沖で低気圧がいきなり台風に変わり、逃げるタイミングを逸したことがありました。そのとき台風の大波を受ける橋杭岩を見ましたが、力が極限でぶつかり合う光景に言葉もありませんでした。しかしそのような台風の強烈な波でも、この津波石を動かすことはできないのです。

津波石を調査すると、岩に残る貝類の生活跡の向きとその放射性炭素年代の測定結果から、直近では1707年に発生した宝永地震の巨大津波によって岩が動いたことがわかりました。今、発生が危惧されているのは東海・東南海・南海の3つのエリアが同時に動く三連動地震ですが、宝永地震はまさにこの三連動タイプだったのです。

串本町が作成した南海トラフ地震の津波ハザードマップを見ると、橋杭岩では地震発生から約7分で最大10mの津波が到達すると予想されています。転がる津波石と、東日本大震災のあの巨大津波の報道の映像を重ねたとき、戦慄のイメージが浮かび上がります。ここに住む人だけでなく、観光客であっても共有すべきイメージです。

この角度から見ると橋杭岩が一枚の板状の岩脈であることがよくわかります。その厚みは15m、奥行きは900mにもなります。基盤となる泥岩（写真では潮に浸かって見えません）と岩脈はひとつの大地として隆起しましたが、柔らかい泥岩は波に削られ、硬い岩脈だけが残って橋杭岩となりました。

ゴカイの仲間である「ヤッコカンザシ」は、波打ち際の岩肌に殻を作って生息します。もしその殻の化石が今の海面より高い位置にあれば、土地が隆起したことがわかります。橋杭岩の津波石の場合は、今の海面と化石の向きがずれていることで、その岩が転がったと判断できます。その化石を採取し放射性炭素年代を測定することで過去の巨大津波の来襲時期がわかるのです。写真はヤッコカンザシの巣跡の化石標本です。

アクセス

JR新大阪駅から特急くろしおに乗車し約3時間30分でJR串本駅に着。駅からタクシー（串本タクシー☎0735-62-0695）を利用し橋杭岩まで約3分。車の場合は、国道42号沿いの道の駅「くしもと橋杭岩」をめざす。

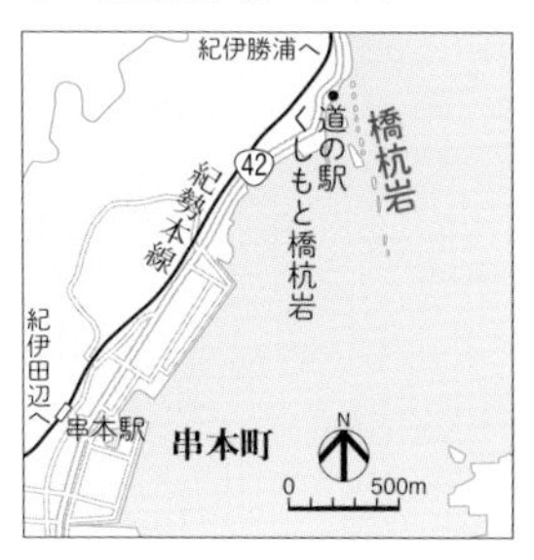

旅のアドバイス

鋭角的な岩塔が海上に並ぶ橋杭岩は、カメラを向けるだけで見事な写真になってくれます。全国からそれを狙ってカメラマンがやってきます。撮る場所は、道の駅の駐車場よりも、橋杭岩に向かって右手にある港からのほうが岩の並び方と姿がよく背景もすっきりします。夏の日の出が定番ですが、冬の満月と橋杭岩の組み合わせも素晴らしいです。また干潮の時間帯なら、橋杭岩まで歩いて行けます。基岩である泥岩層から突き出る岩脈の迫力を目の当たりにできます。

滝の拝

水流が彫った深さ８ｍの穴です

29

滝の拝（たきのはい）

一面に広がる甌穴の奇景

和歌山県
古座川町（こざがわちょう）

架かる橋から下を眺めると、大きな平たい一枚岩が川幅いっぱいに広がっていました。幅は40m、奥行きが200m程度でしょうか。その全面に「甌穴（おうけつ）」が見られます。地形好きの私には魂が奪われるくらいの感動の光景ですが、同行した友人のカメラマンは、巨大な芋虫の石像が並んでいるようだと顔をしかめています。しかし、その彼も河原に下りて間近に甌穴群を眺めると、交差する曲線の美しさを称えながら盛んにシャッターを押していました。

甌穴とは、川岸や海岸の岩礁で見られる穴状の小地形です。水流の渦巻く力と砂や小石の研磨によって、少しずつ岩を削ることでできます。甌穴自体は特に珍しいものではなく、水際に行くと比較的よく目にします。ただこれほど広範囲にサイズの揃った甌穴群が見られるのは、私の知る限りではここだけです。

地質図を見るとこのあたりの地層は、約2000万〜1600万年前に浅海で堆積した砂泥による堆積岩ということですが、滝の拝に関しては岩の表面の質感がすべすべしており、普通の砂岩層ではないような印象です。さらに細かく見ると、滝の拝の真横には流紋岩の貫入が記載されており、あるいはそのマグマの熱で砂泥岩が多少の熱変成を受けたのか、などと想像を巡らせています。いずれにしても一枚の硬質な岩石層が大地の隆起と川の侵食により地表に現れ、水流が砂や石を使ってその表面に無数の甌穴を彫ったのです。そのうちのいくつかが連結して深い溝ができ、今はそこに向かって滝が落ちています。

前ページの写真は、深さ約8mもある甌穴の断面です。溝による侵食で地形の表に現れました。甌穴を彫る原動力は水流ですが、この深い竪穴の底までその力は及ぶのでしょうか。とてもそうとは思えず、断面の美しさに惹かれつつも、その成因に困惑しながらの撮影でした。

一枚岩の全面に広がる滝の拝の甌穴群の奇景です。大雨で増水したときはまだ水が被るようですが、通常の水位のときは、写真の右後ろに小さく見える滝に流れが集まります。ですから甌穴自体がこれ以上深くなることはないでしょう。橋のたもとから河原に下りられるので、ぜひ間近でさまざまな形態の甌穴を観察しましょう。

南紀にはさまざまな地形や奇岩が多数見られます。虎の模様をしたこの岩は、「まだら岩」という通称で、すさみ町の山奥の渓流にあります。一見、チャートのようですが、砂泥互層の堆積岩が地下の熱水の影響で硬化したものです。かつて紀伊半島の地下にあった大量のマグマの熱は、1500万年の年月を経ても半島内の各地で温泉を沸かし、このような造形の手伝いもしているのです。

アクセス

JR古座駅から古座川ふるさとバス（古座川町役場☎0735-72-0180）にて1時間10分、滝の拝で下車。便数が少ないので注意。車の場合はJR古座駅から古座川沿いをさかのぼり、県道43号へ。道の駅が目印。

旅のアドバイス

滝の拝下流の古座川沿いには、南紀の地形にとって重要な「一枚岩」と呼ばれる巨岩があります。長さ20kmにも及ぶ細長い半円状の岩脈の一端で、火砕流の噴出物が固まってできた火山岩です。1500万年前、地下にたまった大量のマグマが、この環状の割れ目から一気に火砕流として噴き出しました。火口からの火山噴火とは違い、その規模は桁違いにすさまじいものだったと推測されています。その環状岩脈に沿って、火砕流由来の凝灰岩からなる牡丹岩、高池の虫喰岩などの地形名所が並んでいます。

30

帝釈峡の雄橋

工期3億年の天然橋梁を見上げる

日本一の天然橋と石灰岩

帝釈峡(たいしゃくきょう)の雄橋(おんばし)

広島県
庄原市(しょうばらし)

帝釈峡は、中国山地の谷間を流れる帝釈川にある全長18kmの峡谷です。そのうち地形観察におすすめなのは、「上帝釈」と呼ばれる上流側のエリアです。そのなかでも「鬼の唐門」と「雄橋」は外せません。帝釈峡から隣の岡山県新見市にかけては大きな石灰岩の塊が点在しており、それらが雨で溶けてできた「カルスト地形」が見られます。鬼の唐門と雄橋も石灰岩が絡むカルスト地形です。

鬼の唐門は、かつては鍾乳洞の入口であったと言われています。確かにそれらしい大きな穴があいた石門が残っています。しかし見どころはここではなく、門の正面右下にある石灰岩と暗緑色をした岩の境目です。この暗緑色の岩は玄武岩が変成したもので、帝釈峡や新見市で見られる石灰岩をのせていた火山島の名残りです。地質図にも石灰岩の隣に玄武岩の存在が記載されており、遠い南の島からプレートにのってやってきた両者をこんな山奥の一角で目にすることができるのです。

帝釈峡の地形観察のハイライトである雄橋へは、上帝釈の駐車場から歩いて約30分の道のりです。帝釈川に架かる巨大な石灰岩の橋で、全長90m、川床からの高さは40mもあります。もちろん人の手によるものではなく、自然がつくり上げた日本最大級の「天然橋」です。その成り立ちはいまだ不明なようですが、かつて帝釈川沿いにあった鍾乳洞が崩落し、残った天井の一部が雄橋になった、という説が有力です。鍾乳洞の陥没については、カルスト地形が老いると至るところで発生します。例えば、雨で溶けてできた石灰岩の穴を「ドリーネ」と言いますが、それが経年でいくつか連結すると、支えきれなくなった地表が崩落します。だとするといずれこの雄橋も崩れてなくなるのでしょう。南の島からやって来た巨大な橋を見上げながら、その長い旅の時間を思ってみました。

鬼の唐門の右手下にその境目はあります。点線の上は唐門から続く巨大な石灰岩で、下がその石灰岩をのせてここまでやって来た火山島の名残りです。玄武岩が軽度の変成を受けてできた「緑色岩」といいます。石灰岩が雨水などに溶けて、その表面を覆っているので、あまり明確な境目がわからず感動も少なめですが、かつての島とサンゴ礁の境目です。きれいな緑色をした緑色岩は、唐門から遊歩道に戻った付近の帝釈川の河原に横たわっています。

アメリカのアーチーズ国立公園のアーチ群には数や規模では及ばないものの、日本にも天然橋は多数存在します。そのほとんどが海食洞が貫通して橋の形になったものです。写真は三浦半島の城ヶ島にある馬の背洞門です。この天然橋も海食洞でしたが、1923年の関東大震災で隆起し、今では海面から離れています。

アクセス

JR東城駅から備北バスが運行されているが便数は少なく、タクシー（帝釈観光タクシー☎08477-2-0120）がおすすめ。行き先は、雄橋の最寄りである上帝釈の駐車場を指定すること。駐車場から雄橋までは徒歩30分。

旅のアドバイス

帝釈峡の駐車場から雄橋まではたいした起伏もなく、よく整備された道を歩きます。雄橋の先にある断魚渓（だんぎょけい）では石灰岩から凝灰岩へと地質が変わり、いきなり急流の峡谷になります。散策はこのあたりまでで十分です。もし時間に余裕があれば、本文でも紹介した岡山県新見市にある石灰岩層の観光地、井倉洞や満奇洞、雄橋と並ぶ天然橋と称される羅生門の見学をおすすめします。帝釈峡から井倉洞までは車で約1時間、新見インターをおりて国道180号を南下します。

鳥取砂丘

止むことのない風がつくった風景です

31

風がつくり上げた地形

鳥取砂丘

鳥取県鳥取市

　恥ずかしい話ですが、地形をテーマに撮影を始めるまでは、「砂漠」と「砂丘」の違いがまったくわかっていませんでした。漠然と「砂丘より広いのが砂漠」程度に、規模の違いくらいに思っていたのです。砂漠とは、年間降水量が２５０㎜以下か、降水量より蒸発量が多い極端に乾燥した場所を指します。それに対して砂丘は、風などによって運ばれた砂が丘状に堆積してできた地形を指します。砂漠は場所を、砂丘は地形の形態を表す言葉なので、そもそも並べて違いを論じることはできないのです。例えば砂漠のなかにある砂の高まりは砂丘であるし、日本の砂丘は多雨なので砂漠とは呼べません。ちなみに「砂浜」は砂地でできた海辺を指し、砂漠と同じく場所を表す言葉です。

　地質図を見ると、鳥取砂丘の中央を流れる千代川（せんだい）の源流には、約８０００万～６６００万年前にかけてできた花崗岩が広がっています。この花崗岩がマサ化して砂になり、千代川に流れ込んで海まで運ばれました。日本海側は、冬を中心に北西の強い季節風が吹いており、この風に吹き上げられた砂が陸側に堆積してできたのが鳥取砂丘です。砂の供給源としての花崗岩、それを海まで運んだ大きな川、砂を陸に巻き上げる強い風、それがそろったことでこの地に日本最大級の砂丘ができたのです。

　砂丘はその時々の人の考え方でさまざまな利用のされ方をしてきましたが、今はその景観を保全する方向で、あらゆる取り組みがなされています。もともと砂は動くものなので、硬い岩とは違い、環境のわずかな変化に敏感に反応します。今抱える大きな課題のひとつに、千代川からの砂の供給の減少と、風による動きが少なくなったことで、砂丘内に雑草が侵入しやすくなったことが挙げられます。地道な除草作業を市民ボランティアの力で行い、専門家による研究や指導が始まっています。

「馬の背」と呼ばれる丘を登る大勢の観光客です。鳥取砂丘には3つの砂丘列が並んでいます。そのうち観光のメインとなるのは、この馬の背がある第二砂丘列です。底からの標高差は約40mあり、砂に足を取られながら登る切ると、そこからは砂丘の全景と日本海が見渡せます。風紋がよく出るのもこのあたりです。なお足跡で砂に文字を書くなどの落書きは条例で禁止されています。

風紋は常時できるものではなく、風速5m程度の風が一定時間吹くなどの条件が必要です。風速10mを超えると砂が飛ばされてしまうので、逆に風紋はできにくくなります。美しい風紋を見るなら、観光客の足跡がない早朝がベストです。「鳥取砂丘ナビ」のWebページでは、砂丘内にある風速計の数値を見ることができます。夜中に風速5〜8mの風が吹いていればカメラ片手に早朝から出かけてみてはいかがでしょう。

アクセス

JR鳥取駅から日交バス・日の丸自動車の共同運行による路線バスで、砂丘会館まで20分。車の場合は、鳥取自動車道の鳥取ICから砂丘駐車場まで約10km、約15分。

旅のアドバイス

駐車場の向かいにある土産物屋の裏には、砂丘の断面が現れた地層があります。砂の層は、古砂丘と呼ばれる古い時代のものと、新砂丘と呼ばれる新しい時代のものとに分かれています。その新と旧の間には、大山が噴火したときの火山灰や、阿蘇山や姶良（あいら）カルデラが巨大噴火したときの火山灰が層となって挟まっています。これらがカルデラ噴火を起こした時期は正確にわかっているので、それを基準にすることで砂丘のできた年代もある程度特定されました。砂の下に隠された出来事を知ることも大切です。

知夫里島の赤壁

波にゆられ火山の断面を眺める

海上に浮かぶ巨大カルデラ

知夫里島(ちぶりじま)の赤壁(せきへき)

島根県
知夫村

「隠岐(おき)の島(しま)」という名前の島はありません。私が隠岐の島だと勘違いしていたのは「島後(どうご)」で、町名は隠岐の島町ですが、島の名前ではなかったのです。またその南西約30kmにある3つの島(西ノ島・中ノ島・知夫里島)を「島前(どうぜん)」と呼び、この4つの島と小さな島々を合わせて隠岐の島(隠岐諸島とも)と呼びます。隠岐の島はカメラマン目線で見ると稀にみる絶景の宝庫で、ローソク島の夕日や国賀(くにが)海岸の断崖など、最近ではその光景の数々がSNSで投稿され広く知られるようになりました。

左ページのアクセス欄にある島前の地図を見るとわかりますが、3つの島は環状に並んでいます。湾の中央にある焼火山(たくひやま)を指で隠すと、さらにそれが鮮明になります。この形、海上にあるので気がつきにくいですが、実はカルデラです。もともとはひとつの巨大な火山島として生まれた島前ですが、およそ500万年前、地下のマグマだまりの天井が崩落し、島の中央部に大きなカルデラができました。やがて波の侵食で外輪山の一角が欠けるとそこから海水が浸入し、カルデラ内は内海に、外輪山は3つの島に分かれたのです。西ノ島の焼火山は、その後カルデラ内で噴火した小火山(中央火口丘)です。

日本海に浮かぶ隠岐の島の北西側は、冬の猛烈な季節風と荒波にさらされるため垂直の断崖が続きます。知夫里島の赤壁もその一端にあり、火山島だった頃の体内をさらしています。赤い岩の正体は、さび色になった溶岩のしぶきです。高温のまま空気中に飛びだすと、一瞬でその中の鉄分が酸化するのです。それらが大量に堆積したことで帯状の模様になり景観の主役となりました。それに直交する白い縦の筋は、火山島の中を割って貫入したマグマの跡です。荒波に絶えず研磨されている断面は風化もなく新鮮で、生々しい色の力に圧倒されました。

島前の島の各所からカルデラは見えますが、全景が見渡せるのは知夫里島の赤ハゲ山のみです。写真を見ると山上のカルデラ湖のようですが、左右の島影の向こうには日本海が広がっています。正面の山が中央火口丘である焼火山です。島前の島々の守護的なパワースポットでもあります。

島後の観光のハイライトは「ローソク島に沈む夕日」です。この絶景は岸からではなく、遊覧船から眺めます。岩の先端と夕日を船頭さんが重ねてくれるので、4〜10月の晴れた日ならいつでも見られます（乗船は完全予約制）。ローソク島自体は柱状節理からなる海食崖の名残りです。島後で見ておくべきは「隠岐片麻岩」で、日本列島では数少ないユーラシア大陸オリジナルの岩石です。

アクセス

島前へは七類港か境港から出る高速艇かフェリーを利用。島前内の行き来は小型フェリーや定期船があるので困ることはない。タクシーやレンタカーは数が限られるので、本州からフェリーに自家用車を積むのが手間いらず。

旅のアドバイス

知夫里島は島前のなかではいちばん小さく静かな島です。それだけに観光のハード面は多少不便で、路線バスの運行などはありません。レンタカー・タクシーはありますが台数が限られるので、必ず予約しましょう。赤壁は島内にある展望所から見るのが一般的ですが、海から眺める遊覧船も運行されています。特に夕日の時間に合わせたサンセットクルーズは、赤い壁がさらに夕日で染まって圧巻です。予約・問い合わせは知夫里島観光協会（☎08514-8-2272）まで。

青海島の幕岩

2種類のマグマが描いた壁画です

火山の底を巡る遊覧船に乗って

青海島(おおみじま)の幕岩(まくいわ)

山口県
長門市

　青海島は、約9000万年前のカルデラ噴火を伴う火山活動の名残りです。実際に噴火が起こったのはこの場所ではなく、日本列島がまだ大陸の一部だった頃の出来事です。そのカルデラの地下にあったマグマだまりがゆっくり冷えて花崗岩となり、日本海の拡大と共に移動し、今は隆起して島として海上にそびえ立っているのです。

　仙崎港から出る観光遊覧船は、断崖に現れた火山の深部を眺めながら進みます。「海上アルプス」と称される険しい景観が続きますが、それが火山のどの部位なのかが推測できれば、海上にいながら地底を見ているようで、より深く眺めを楽しむことができます。

　遊覧船の窓を開けて険しい表情の海食崖にカメラを向けていると、ふいにファインダーいっぱいに大きな抽象画が現れました。予想外な被写体の登場に頭が一瞬白くなりましたが、すぐに地学的な意味を考え、構図・露出を決めてシャッターを切りました。遊覧船がこの前にいたのはわずか20秒足らず（撮影画像に記録された時間を確認したので正確）でしたが、そのときの高揚感は今も忘れられません。

　抽象画の正体は、成分が異なる2種類のマグマが混じることなく地中でそのまま冷えたもので、それぞれの岩石の色の違いが模様になりました。最初にマグマだまりにあったのは、白い岩石になる花崗岩質マグマで、そこに地下から黒い岩石になる玄武岩質マグマが上昇してきました。液体同士なので簡単に混ざるだろうと思いきや、温度や重さが異なるのでそうはならなかったのです。

　撮影中は時間的余裕がなかったので、帰宅してからパソコン画面で幕岩を眺めました。作為のない有機的な図形が躍動感いっぱいに交錯する様子は、先史時代に洞窟に描かれた壁画を見るようです。いつか船を借り切って心ゆくまで眺めたいものです。

青海島遊覧の代表的な景勝ポイント「夫婦洞」です。赤い色をしていますが、かつてのマグマだまりが冷えてできた花崗岩です。ふたつ並んだ海食洞（波の侵食でできた穴）は遊覧船も入る大きさがあります。写真には断崖上を走る大きな断層の亀裂が見えますが、これが侵食の起因となっています。

夫婦洞からわずかの距離ですが、こちらの断崖は火山灰や軽石などの火山噴出物が堆積してできたものです。水中（おそらく湖底だったろうと推測）で堆積した縞模様の地層が見えています。マグマだまりはこの地層の下にあると思われます。断層を境にこのあたりの地層がずり落ちたのでしょう。

アクセス

青海島の遊覧船乗り場へは、JR仙崎駅から徒歩10分。船の運航状況等は青海島観光汽船（☎0837-26-0834）まで。また陸路から見学できる青海島自然研究路へは、JR長門市駅からサンデン交通バスで20分、静ヶ浦下車。

旅のアドバイス

「マグマの博物館・青海島」というパンフレットが、長門市観光コンベンション協会のホームページ「ななび」からダウンロードできます。青海島の地形についての解説がわかりやすく、遊覧船に乗る前に目を通しておくと、地形への理解が深まります。船は港を出て時計回りに進むので、進行方向に向かって右側に座ることをおすすめします。近くの観光地としては、赤い鳥居が海へと続く元乃隅神社（その横に「竜宮の潮吹」とデイサイト岩脈の露頭あり）、棚田と漁火が美しい東後畑の棚田（6月中旬）があります。

この窪地は
地下の鍾乳洞につながります

秋吉台

石灰岩を溶かしてできた地形

山口県
美祢市

岩石の名前がわかると、その地形のでき方や未来の様子を想像する手助けになることがあります。しかし足元に転がる石を手に取り、その名前を言い当てることは実際には至難の業です。しなしながら石灰岩については、簡単に見分ける方法があります。薄い塩酸が混ざっている市販のトイレ用洗剤を持参し、岩に垂らしてみます。もしその岩が石灰岩なら泡を出しながら溶けはじめます。そう、石灰岩には酸で溶ける性質があるのです。

いわゆる「酸性雨」のようなものではなく、普通の環境で降る雨でも、大気中の二酸化炭素を取り込むことで弱いながらも酸性を示します。その程度の雨では石灰岩は泡を出して溶け出すことはありませんが、長い年月を経るうちに少しずつ溶けていくのも事実です。秋吉台は「日本最大のカルスト台地」と呼ばれていますが、この「カルスト」とは何でしょう。石灰岩が、雨や地表を流れる水などによって侵食（正確には溶けるので「溶食（ようしょく）」と言います）されてできた地形全般をさす言葉です。地下に広がる鍾乳洞はもちろん、石灰岩でできた島が林立するベトナムのハロン湾などもカルスト地形です。

前ページの写真は、秋吉台を南北に走る県道の路肩から撮ったものです。クレーターのような窪地が散在する奇怪な景観が秋吉台全体に広がっています。これは「ドリーネ」と呼ばれ、雨が地下にしみ込む際にできたものです。さらにその水が地中の石灰岩の塊を溶かしてできたのが鍾乳洞です。カルスト地形を眺める時は、地表だけではなく地下にある大きな石灰岩の塊のことまで意識します。地表からドリーネを透かして地中に広がる鍾乳洞の存在を想像できたら、また逆に鍾乳洞の天井を見上げて地表のドリーネを想像できたら、秋吉台はさらに大きなスケールで大地の物語を語りかけてくれるでしょう。

地表の石灰岩が突起状に溶け残ったもので、「ピナクル」と呼びます。

水滴に含まれる炭酸カルシウムの結晶が、少しずつ成長していきます。

天井から染み出す水滴による造形。滝やクラゲを連想させます。

棚田の畔を見るような「リムストーン」。秋芳洞のハイライト「百枚皿」にて。

アクセス

JR新山口駅から防長バスを利用して約40分で秋芳洞に到着。秋芳洞の洞内（有料）からエレベーターで秋吉台展望台にアクセス可能。洞内見学をしない場合は、秋芳洞バスターミナルで乗り換えて秋吉台まで。

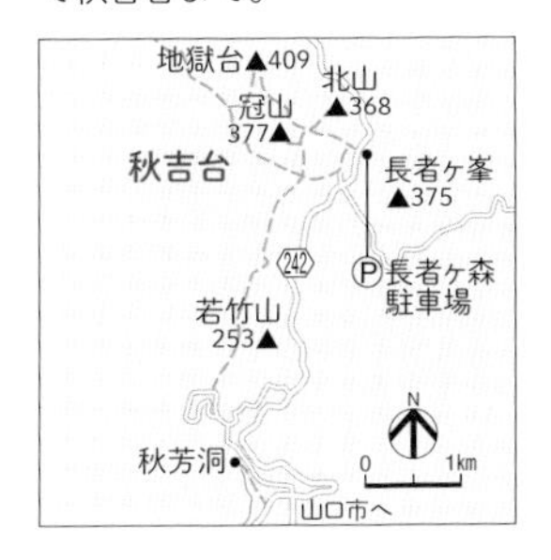

旅のアドバイス

秋吉台では、カルスト台地を歩くトレッキングをおすすめします。長者ヶ森駐車場から冠山を経由して地獄台に至るコースからは、林立する石灰岩のピナクルとドリーネの広がりが見渡せます。多少の起伏はありますが1時間ちょっとのコースです。地形とは直接関係ありませんが、夜の秋吉台もおすすめです。周辺には大きな街がないので満天の星空が望めます。月夜には石灰岩の白いピナクル群が月光に照らされて、幻想的に浮かび上がります。

須佐のホルンフェルス

日本一美しいストライプの秘密は…

須佐のホルンフェルス

焼きが入って硬化した地層

山口県萩市

萩市内から国道191号を走っていると、国交省の経路案内標識に「須佐ホルンフェルス」という地名と矢印が出ていました。難しい地学用語が、愛称ではなく観光地を指す地名として正式に表示されていることに少々驚きました。ホルンフェルスとは、ドイツ語の「角のように硬い岩石」という言葉が語源と言われており、貫入してきたマグマの高熱にさらされ続けることで組成が変化してしまった岩を指します。その母岩は砂岩か泥岩であることが多く、変成後は焼きが入ったかのように硬質な岩に生まれ変わります。マグマから直接的な熱変成を受けたということで「接触変成岩」に分類されます。

須佐ホルンフェルスは、直線の縞模様が幾重にも重なる美しい断崖です。日本国内でこれ以上のクリアなストライプ模様の地層は見当たりません。オリジナルの地層は、日本海拡大当時に浅い所で堆積したもので、白色の層は砂岩、灰色の層は泥岩です。この砂泥岩互層が貫入したマグマの熱で焼かれたのはおよそ1500万年前のことで、その焼いた張本人は今は隆起して須佐湾の背後で山となってそびえています。そもそも熱によって変成を受ける接触変成岩は、マグマから離れると変成の度合いは弱くなっていきます。私たちが「須佐ホルンフェルス」と呼んでいるこの断崖は、実はマグマから少し距離があったため、変成岩と言うには、その度合いはかなり弱いようです。

本書では砂泥互層の絶景を何カ所か取り上げていますが、そのどれもが、柔らかい泥岩層が削られ、硬い砂岩層が残ることで特徴的な景観をなしています。その点この断崖は、少しであってもマグマによる焼きが入ったことで、砂岩と泥岩の侵食に差が見られません。日本海の荒波を受けながらも、スパッと切れ落ちた断崖であることで、ストライプの美しさが際立っているのだと思います。

この縞模様は、日本海が拡大していたころ、海底斜面に厚くたまった砂泥が地すべりを起こし、海底で再堆積をした砂泥岩互層です。鬼の洗濯板の写真（P 197）と見比べると、ほとんど砂岩と泥岩に侵食の差がないことがわかります。しかし、グレーの泥岩の表面には泥が堆積した際の薄い層（葉理）が残っているので、強い熱変成も受けていないのでしょう。いずれにしても絶妙な焼き入りによって形づくられた絶景です。

国道とホルンフェルスの中間あたりに、高山（こうやま）の山頂公園へ向かう道が出ています。そこから見渡す須佐湾はみごとです。公園の最奥にはホルンフェルスを焼いた張本人である「斑レイ（ハンレイ）岩」が姿を見せています。花崗岩によく似ていますが、黒い鉱物の占める割合がより多いのが特徴です。高山の斑レイ岩は磁石石とも呼ばれ、方位磁石が狂うほどの磁性を帯びています。見学の際はコンパス持参でどうぞ。

アクセス

JR須佐駅からタクシーで約10分（須佐タクシー☎08387-6-2613）。車の場合は、萩の市街地から国道191号を益田市方面へ約50分で到着。駐車場からホルンフェルスの断崖までは徒歩5分の下り坂。

旅のアドバイス

ホルンフェルスの断崖は西側に開けているので、光線が当たるのは午後遅くからです。ここは風景を撮る写真愛好家の間でも人気の撮影場所で、狙うは夕日に赤く染まる断崖です。また月のない夜には、ストライプを前景に、北極星を中心に同心円を描く星の光跡が撮れます。近くの地形観察ポイントとしては、須佐駅から車で30分のところにある畳ケ淵がおすすめです。川の両岸に六角柱を並べた柱状節理が見られ、亀の甲羅のような模様の上を歩くことができます。

阿波の土柱

礫という傘を差して土柱は立っている

36

阿波の土柱

土柱ができる理由とは?

徳島県阿波市

四国の風景を撮影していると、大きくても「ここは島だな」と感じることがよくあります。山と海がとても近く、流れる沢がどこも急流で水が青く澄んでいます。そのなかで吉野川だけは川幅が広く、その流れも風景もゆったりとしています。阿波の土柱は、そんな流域の広がりが見渡せる阿讃山地の南面に位置しています。

土柱の展望台に立つと、堆積岩からなる柱状のオブジェが林立する奇景が広がります。その先端を見ると、黄土色をした砂岩の柱の上に、表面の質感が異なる茶色の地層が載っているのがわかります。丸い礫がたくさん集まってできた礫岩層です。礫とは2㎜以上の大きさの岩の粒を指し、16分の1㎜以上2㎜未満を砂として区別しています。阿波の土柱では、この礫岩層がその下の砂岩層を雨による侵食から守っているのです。それは傘を広げて雨のなかに立っているイメージです。傘に当たった雨粒はまっすぐに地面に落ちますが、土柱も同じく礫からはみ出した部分は雨に削られて垂直になっています。

礫岩と砂岩が重なっている地層自体は特に珍しいものではなく、むしろ日本各地で普通に見かけます。ではなぜここに土柱ができたのでしょう。何か特別な理由があるのでしょうか。もともとこの砂礫層は、背後の阿讃山地が侵食されてできた土砂が、吉野川の広い谷に流れ込んでできたものです。およそ130万年前のことで、まだできたての若い地層です。スコップで掘れるようなものではありませんが、岩石というには硬度が足りない、そんな微妙なあんばいの硬さです。形成のきっかけは地震による崖崩れでしょう。崩れた斜面に雨が降り、侵食によりたくさんの溝ができ、礫層に守られた部分が残って土柱になったのです。しかし礫層の耐性もそう長くありません。阿波の土柱はいずれ消えゆく運命にあります。

ある日、山を歩いていると登山道脇の斜面にこれを見つけました。小石が帽子となり、その下の砂泥が残って小さな柱になっていました。「なるほど！」と、阿波の土柱の成り立ちが肌で理解できた一瞬でした。このような造形は、造成地のむき出しの斜面などでもよく見かけます。侵食の耐性に差がある2層が重なること、急斜面があることが土柱形成の要因であると推測できます。

アメリカのユタ州にあるブライス・キャニオンの土柱群です。圧倒的なスケールですが、その成り立ちは阿波の土柱と同じです。侵食されやすいピンク色の層の上に、より耐性のある白い層が傘として乗っています。ブライス・キャニオンがあるのは、コロラド高原の地層の最上層です。ここもまだ硬化が足りない若い地層だから土柱が形成されたのでしょう。

アクセス

路線バスの運行はない。JR阿波山川駅からタクシー（山瀬観光☎0883-42-2075）を利用。土柱までは約15分。車の場合、徳島道の阿波パーキングエリアの駐車場から歩道が出ており（上下線共)、土柱まで徒歩10分。

旅のアドバイス

吉野川と言えば、近くを走る中央構造線の名前が必ず出てきます。日本を代表する大きな地質境界線ですが、私たちが流域の風景からその存在を読み取ることは難しいと思います。道の駅「三野」には中央構造線が地表に現れた露頭があるので、まずはその観察から始めましょう。また吉野川の南側にあるつるぎ町の山中には、中央構造線に接する「三波川（さんばがわ）変成帯」の変成岩が川に削られてできた渓谷があります。大きな甌穴が連続しており、その特異な景観から土釜（どかま）と呼ばれています。

面河渓

ここは天然の親水公園です

花崗岩の明るい渓谷美
面河渓（おもごけい）
愛媛県久万高原町（くまこうげんちょう）

面河渓は、「仁淀（によど）ブルー」で名を馳せる仁淀川の上流部にあり、その源流は四国の最高峰石鎚山（いしづちさん）にあります。石鎚山が誕生したのはおよそ1500万年前のことです。フィリピン海プレートの沈み込み開始に端を発する、西日本各地で相前後して始まった一連の火山活動のひとつでした。

石鎚山は、最高地点である天狗岳（標高1982m）や石鎚神社の頂上社がある弥山（みせん）などからなる連山の総称です。切り立った天狗岳を見ると、硬い火山岩でできた山であることはわかりますが、火口など火山の存在を示すものはありません。面河渓周辺の地質図を見ると、複雑に入り組んだ地質分布の模様のなかに、逆に不自然に思えるくらいに整った円形の断層があること気づきます。この断層こそは石鎚山が大噴火を起こした際にできたカルデラの跡です。同時期に噴火した他の西日本の火山と同じく、すでにその山体は隆起と侵食によりなくなってしまいましたが、ここに大きな火山があったことは地質図が示してます。

カルデラ内は噴火時の火砕流によってできた溶結凝灰岩で埋まっていますが、ところどころで花崗岩が顔を出しています。面河渓もこの花崗岩の上を流れています。これは石鎚山のマグマの残りが地中深くでゆっくりと冷えて固まったものです。それがすでに地上に姿を現していることから、このあたりの隆起速度がいかに速いかがわかります。

ここに花崗岩が顔を出さなかったら、面河渓は日本を代表する水の名景にはならなかったでしょう。私自身は、渓谷入口にそびえる亀腹岩（かめばらいわ）などの険しい岩壁を見上げながらも、白く明るい谷に、天然の親水公園のイメージを持っています。花崗岩であっても深い険阻な谷はいくつもありますが、面河渓は明らかにその特性が陽性に働いています。白い岩肌を流れる透明な水は、最上級のブルーを見せてくれます。それを見るためにまたここに来たいと思うのです。

渓谷の入口から10分ほど歩いたところにあるキャンプ場横の河原です。花崗岩の平らな岩が広がっており、夏は子どもたちが水遊びをしています。一枚岩の川床には、侵食による波状の凹凸や小さな甌穴が見られます。花崗岩らしい優しい曲面に惹かれます。ここも隆起によって川の下刻作用が進むと険しい谷になるのでしょう。

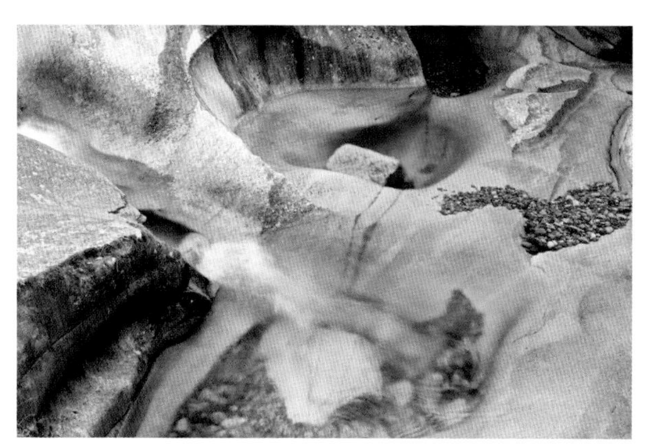

花崗岩の渓流では、水のブルーの魅力もさることながら、侵食による曲線の造形も見どころです。柱状節理が支配する鋭角的な渓谷美とは好対照です。写真は大分県佐伯市にある藤河内渓谷の甌穴です。車でのアプローチもよく、花崗岩の渓流地形を一堂に集めたような渓谷美が魅力です。

アクセス

松山から面河渓への直通路線バスはなく、久万高原町で乗り換える。JR松山駅からJR四国バスで久万高原町まで1時間10分、そこから伊予鉄南予バスで面河まで1時間。渓谷入口までは徒歩20分。

旅のアドバイス

面河渓の地質や動植物などの自然を詳しく紹介してくれるのが、渓谷入口から下流側に徒歩20分のところにある「面河山岳博物館」(☎0892-58-2130)です。観覧料は大人300円、小・中学生150円、開館時間は9：30～17：00です。博物館脇からも渓谷内を歩ける遊歩道が設けられています。こちらは花崗岩ではなく、カルデラ内にたまった溶結凝灰岩からなります。狭く険しい渓谷の底に光る青い淵は面河渓の明るさとは対照的ですが、とても魅力的です。

室戸岬

深海から這い上がって来ました

付加体最前線

室戸岬

高知県
室戸市

若き日の弘法大師空海は、室戸岬にある「御厨人窟（みくろど）」と呼ばれる洞窟にこもって修行をしていました。洞内から目にした風景が空と海のみであったことから、自らを「空海」と名乗るようになったそうです。その風景は１２００年以上たった今も変わらず、南の果てに位置する室戸岬に立つと、その先にはもう真っ青な太平洋しかありません。空海の目にはそれがどのように映ったかはわかりませんが、少なくとも私はその先に何もない「無」を思うことはないでしょう。室戸岬のすぐ先の海底には南海トラフが横たわっており、沈み込むフィリピン海プレートによって大きな地震のエネルギーがたまっていることを知っています。そしてそのトラフの底には、新たな陸地となる「付加体（ふかたい）」がつくられていることも知っているからです。

空海が修行をした洞窟と海岸線の間には、激しく褶曲した岩礁が延々と横たわっています。これこそが深海の底から隆起してきた付加体です。室戸岬の先端部の付加体は、およそ１６００万年前に堆積したもので、すでに陸化した付加体のなかでは、かなり新しいもののひとつだと言えます。

地学系書籍の名著『日本列島の誕生』（平朝彦著、岩波書店）に、四国沖の南海トラフにたまる堆積物を採取し調査するくだりがあります。その結果、堆積物には富士川流域で見られる岩石の粒が多数含まれていることがわかります。四国沖にある南海トラフの深い溝を東に約６００㎞遡ると駿河湾に達し、そこには富士川が流れ込んでいます。川が運んできた砂泥は湾内に厚く堆積し、地震などが契機となり５００年に一度程度のペースで大きな地すべりを起こします。それらは四国沖までトラフを伝って流れ下り再堆積するのです。この次、室戸岬に現れる付加体は、南アルプスや富士山の岩がもとになった砂泥が含まれます。その頃、山々が今と同じ姿かどうかはわかりませんが。

砂岩と泥岩の互層からなる付加体の地層と室戸岬灯台です。付加体とは、トラフ（水深が6000mを超えると海溝と呼びます）に沈み込む海洋プレートの上に乗った堆積物が、陸側の縁によってはぎ取られ、そのまま付加したものを言います。水平に堆積した海洋プレート上の地層は、陸側に押し付けられる際に激しく曲がってしまいます。その結果がこの写真です。

室戸岬は海側からの力に押されて隆起しています。現在の海岸線より100〜200mほど高い位置に何段かの平坦地が広がっています。これは土地の隆起にくわえ、20万〜12万年前の間氷期に、海面が上昇したことでできた波食台（波が削る海底の平坦地）です。このような地形を「海成段丘」と言います。空から見るとその様子がよくわかるのですが、室戸スカイラインの途中からも段丘面の平らな稜線と、そこから海岸まで一気に落ちる段丘崖が見えます。

アクセス

大阪のなんば高速バスターミナルから室戸までの直通バスを、徳島バス（☎088-622-1826）が運行（1日2便）。電車利用の場合は、土佐くろしお鉄道の奈半利駅から高知東部交通バスで1時間、室戸岬まで。

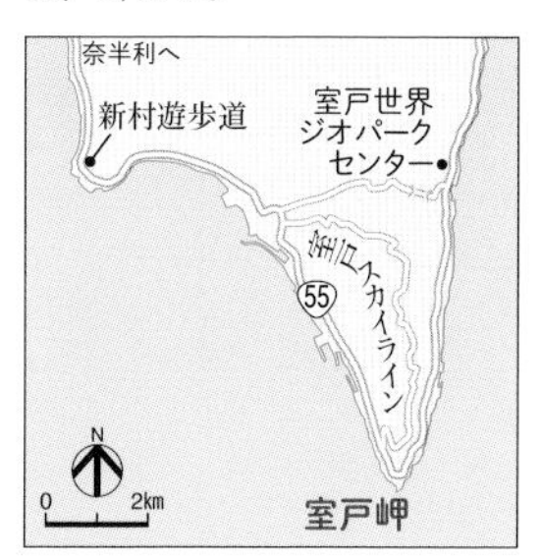

旅のアドバイス

まずは「室戸世界ジオパークセンター」で、南海トラフや付加体についてのあらましを学びましょう。室戸岬周辺には地形の見どころが多く、初めての人におすすめなのは室戸岬の先端部です。遊歩道に沿って地形の解説板が設置されており、中岡慎太郎像の前から海岸線に出てビシャゴ岩まで歩くと、周辺の地形の成り立ちがわかるようになっています。ゆっくり歩いても1時間程度です。行当岬の「新村遊歩道」もおすすめです。スランプ構造（海底地すべりの跡）や波状漣痕（水流による海底の模様跡）と呼ばれる珍しい地形が見られます。

堆積と塩類風化の合わせ技

砂岩の有機的な造形美

竜串（たつくし）海岸と見残し（みのこし）海岸

高知県
土佐清水市

砂岩は撮影しやすい被写体です。表情が柔らかく、岩でありながらどこか温かみのある有機的な感じがします。同じように、こちらは岩石名ではありませんが、柱状節理もカメラマンに好まれる被写体です。岩独特の冷たさは全面に出ますが、節理の鋭角的な造形やリズム感が撮影者の心をくすぐるのです。しかし地形や地学全般を対象にした場合、このように被写体が雄弁であることはほとんどなく、解説がないとその価値や意味が伝わらないような被写体（例えば見た目が平凡な、でも特殊な岩や崖）がほとんどです。現場で頭を抱えることもしばしばです。そのようなわけで砂岩を撮るときは肩に力を入れる必要がなく、感覚に任せられるので気楽に楽しめます。

竜串海岸とそのとなりにある見残し海岸は、およそ2000万年前に堆積した砂岩層です。前ページの写真は見残し海岸で撮ったものですが、堆積時に岩の中に仕込まれた「葉理（ようり）」と呼ばれる筋目と、「タフォニ」と呼ばれるハチの巣状の穴の絶妙な共演に惹かれました。葉理とは、砂や泥が水中で堆積するときに水の流れの影響を受けてできた細かな層です。前ページの写真では画面の左から右に放射状に広がる線がそれにあたります。タフォニは波しぶきが被るような岩肌でよく見られる風化の造形です。岩にしみ込んだ塩分が結晶になるとき、その圧でごくわずかですが岩肌を砕きます。それを延々と繰り返すことでできたのがハチの巣状の穴です。日本語では「塩類風化」と言います。離れて見ると穴だらけで不気味に感じるかもしれませんが、近寄ると繊細な形に見入ってしまいます。

砂岩にはそのほかにも、生物が這った痕跡や巣穴の化石、ノジュール（コンクリーションとも言います）と呼ばれる岩の塊、鉄分がしみ出して描いた紋様など、目を楽しませてくれる要素がたくさんあります。

タフォニの成因の理屈は知っていても、この繊細な造形を前にするともっと違う説明が欲しくなります。

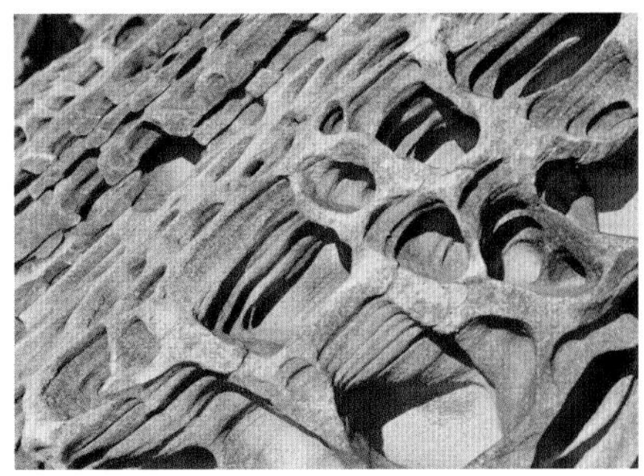

砂が堆積した際にできた葉理の筋目が、タフォニの造形をさらに複雑なものにしていました。

曲線の層は地震で海底が滑った跡です。その隣の砂岩層は直後に襲った津波の堆積物と言われています。

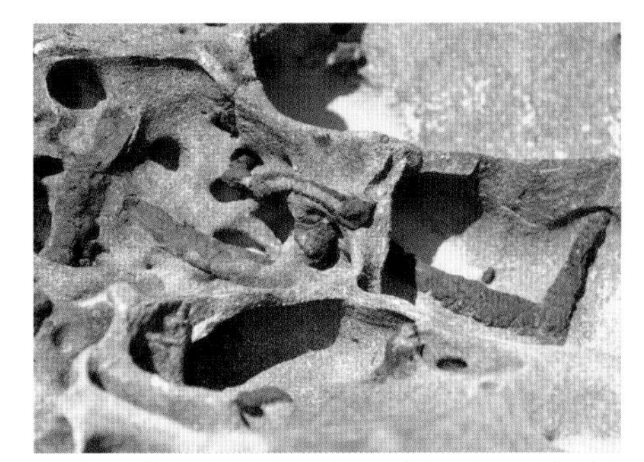

さびた鉄棒のようなものは、生き物の巣跡の化石です。タフォニのおかげで立体的にその様子が観察できます。

アクセス

土佐くろしお鉄道中村駅から西南バスに乗り、竜串まで1時間20分。さらに海岸までは徒歩5分。バスの便数が少ないので注意。車の場合は、四万十市から足摺岬方面へ約35km、45分。無料駐車場あり。

旅のアドバイス

道のない岬の先端にある見残し海岸へは、竜串海岸の東側にある港からグラスボートに乗って行きます。観光駐車場にある事務所で乗船券を購入します(竜串観光汽船☎0880-85-0037)。営業時間は8：00〜17：00（12〜2月は8：00〜16：30)。行きは海底のサンゴの解説を受けながら20分、帰りは港まで直行で10分の乗船です。見残し海岸の滞在時間も希望を聞いてもらえるので、じっくりと観察できます。たいていの観光客は竜串海岸だけを見て帰りますが、是非ここを見残さないよう、立ち寄りをおすすめします。

40
七ツ釜

柱状節理の天才的造形力

柱状節理の眺め方

七ツ釜

佐賀県唐津市

柱状節理はどのようにしてできるのでしょう。よく引用されるのが、乾燥した田んぼの土に現れる多角形のヒビ割れです。土が乾くと体積が収縮するので、それが亀裂となって現れます。溶岩が冷えるときもこれと同じことが起こります。最初の冷却面に多角形（六角形のことが多い）のヒビ割れが入り、徐々に溶岩の中の冷却が進むにつれて、それも中へと拡大していきます。こうして柱状節理の柱が伸びてゆくのですが、見方を変えると、柱の方向は溶岩が冷却した方向を示しているとも言えます。

また溶岩の冷却は空気に触れる面からだけではなく、接する地面からも熱が奪われていきます。なので柱状節理の形成も溶岩の表面からだけではなく、底や周囲からも同時に進んでいきます。いろいろな方向からの柱が交差する岩体の中央部は、複雑な形になることが多く造形的には見せ場となります。この2点を知って柱状節理の前に立つと、柱の方向を遡ることで溶岩が冷えた過程が見えてきます。実際の現場では侵食が激しく、そう簡単なことではないですが、岩壁を動的な視点で見るだけで、岩が息づいているように感じられるから不思議です。

七ツ釜がある東松浦半島から平戸にかけては、約300万年前に大規模な玄武岩溶岩の噴出があり、粘性の低いサラサラの溶岩が幾重にも重なって広大な溶岩台地が形成されました。玄武岩溶岩が冷える際には柱状節理ができます。七ツ釜の景観的特徴である海食洞群も、この節理が侵食の起点となっています。

遊覧船に乗り七ツ釜を海上から見ると、船の進行に合わせて目の前の柱状節理の向きや表情がめまぐるしく変化していきます。無秩序とさえ思えるその激しさに、玄武岩溶岩が地上にあふれ出したときの躍動感のようなものを感じながらシャッターを押していました。

角材を並べたようなスタンダードな表情の柱状節理。福岡県糸島市、芥屋の大門（けやのおおと）。

柱状節理上面の六角形の模様。岩の中まで節理は続きます。沖縄県久米島町、畳石。

チューブ状の溶岩が周囲から冷えてできた放射状の柱状節理。北海道根室市、車石。

溶岩の冷え方により柱の太さや向きは劇的に変化します。佐賀県唐津市、七ツ釜。

アクセス

JR唐津駅から徒歩5分の唐津バスセンターから昭和バスの湊・呼子線に乗り、七ツ釜入口下車。展望台までは徒歩30分。タクシーの場合、JR唐津駅から約20分。駐車場から展望台まで徒歩10分。

旅のアドバイス

七ツ釜一帯は広々とした芝の公園になっており、遊歩道が岬先端の展望台まで通じています。ここからの眺めは海食洞がずらっと並び、柱状節理も間近に見えて圧巻です。ただ北面なので、晴れた午前中などは強い逆光になるので観察や写真撮影にはやや不向きです。個人的には、七ツ釜を観察するなら遊覧船に勝るものはないと思います。呼子港からイカの形を模した遊覧船が出ています（マリンパル呼子☎0120-425-194）。乗船時間は約40分。波が穏やかな日は海食洞に舳先を入れて中の様子を見せてくれます。

上陸して初めて気づく個性がたくさんある

多島海の秘密あれこれ

九十九島（くじゅうくしま）

長崎県佐世保市

九十九島は、佐世保市の西海岸から平戸島の間に点在する島々の総称です。その成因は、「溺れ谷（おぼれだに）」という地形現象で説明されます。山を侵食する谷を真上から俯瞰すると、樹木の枝のような形になっています。中心の太い枝に相当する本谷は山頂に向かい、そこから脇枝にあたる支流が左右の尾根に何本も延びて山肌を削ります。さらにその支流からも細い谷が延びていきます。このようにしてできた険しい谷が、山頂付近だけを残して海中に沈んでできたのが溺れ谷です。侵食された谷は激しく出入りする海岸線になり、尾根の上の前衛峰は点在する小島へと変わります。谷が海中に沈む原因は、土地が沈降するか、海面が上昇するかのどちらかです。九十九島の場合は、氷河期が終わったことで、極地の氷床や氷河が解けて海面が上昇しました。今からおよそ7万年前のことです。島々は今でも、海中では尾根としてつながっているのでしょう。

九十九島は砂岩でできた島です。高台にある展望所から俯瞰すると、島の頂上に広がる樹木の緑しか印象に残りませんが、遊覧船から間近に眺めると、砂岩でできた奇岩が目を楽しませてくれます。島に上陸すれば、そのアートを間近に楽しむことができます。釣りの渡船を頼むか、カヤックのツアーを探してみましょう。

本土最西端の碑がある神崎鼻（こうざきはな）から野島にかけての海岸線には、淡水の浅瀬に堆積した1800万年前の地層が残っています。これはまだ淡水湖だったころの日本海の地層です。『九十九島全島図鑑』の著者である澤恵二氏によると、この地層に含まれる貝の化石と同じものが島根県や兵庫県の日本海側で見つかっており、当時の湖がかなり大きかったことが推測できるそうです。地層には湖畔を歩いた動物の足跡の化石もあり、化石を探しながら一日中うろうろしていても飽きません。

九十九島に面した西海岸の高台には10カ所以上の展望所が設けられています。午前中は順光になるので、島々の形がよくわかります。地図を片手に、かつての谷の様子を再現するのもおもしろいと思います。おすすめはもちろん夕景です。島々がシルエットになって海に浮かぶさまは他では見られない絶景です。左の写真は日没後に撮影した石岳展望台からの眺めです。紅に染まる海が印象的でした。

写真右は「漣痕（れんこん）」と呼ばれる浅瀬に残る波跡の化石で、左は湖畔を歩いた動物の足跡の化石です。撮影地は、神崎鼻公園の手前約600mを左折した先にある大きな湾内の岩場です。正面には野島が見えています。観察は潮が引く干潮の時間を選びましょう。これ以外にも貝やサギの足跡の化石が見られます。砂岩泥岩互層の露頭は広いので、日本海の始まりの光景を思いながら、時間をかけて探してみてください。

アクセス

JR佐世保駅から九十九島パールシーリゾートへは、西肥バスで25分。展望所については、展海峰にのみ駅からバスの運行があるが、ほかはタクシーを利用（佐世保観光タクシー☎0956-33-8181）。

旅のアドバイス

九十九島は大きく南北に分かれます。そのうち観光の中心は佐世保の市街地に近い南九十九島です。パールシーリゾート（☎0956-28-4187）の港からは大型の遊覧船も出ていますが、おすすめは「リラクルーズ」と呼ばれる小型船でのクルーズです。大型船が入れない細い水路を通りながら島々を間近に眺めます。展望所から見る夕景にこだわるなら、なるべく多くの島影と夕日が線上で重なる日と場所を選びます。適地は季節によって変わるので、佐世保市のホームページにある「南九十九島サンセットガイド」を参考にどうぞ。

鬼でも入れぬ火口の湯釜

阿蘇山

桁外れな阿蘇のスケール

熊本県
阿蘇市

阿蘇山が本格的な噴火を始めたのはおよそ27万年前のことで、それ以降、カルデラの形成を伴う巨大な噴火（最近は「破局噴火」と呼ばれることもあります）を4回起こしています。特に9万年前の4度目の巨大噴火は、それまでの3回の噴火とは火山灰や軽石などの火山噴出物の総量が1桁違う「超」がつく規模でした。一説によるとこのときの火山噴出物の総量は富士山の体積に相当するとも言われています。あの巨大なカルデラの地下にあったマグマだまりが陥没で潰れたのですから、外に押し出された火山噴出物の総量がそれくらいになるのも納得できます。

阿蘇カルデラの大きさは、南北25km、東西18km、周囲128kmにも及びます。できた当初は巨大なカルデラ湖でしたが、今の立野地区あたりの外輪山が断層活動により崩れてなくなり、そこから湖水が流出しました。陸になったカルデラ内は、今では田畑が拓かれ人口5万人が暮らす町になっています。

阿蘇と言えば活発な火山活動を続ける中岳周辺が見どころの中心になりますが、あの広大なカルデラとそれを取り囲む外輪山のスケールも阿蘇の重要な要素です。外輪山のカルデラ側は、陥没した名残りで急崖（カルデラ壁と言います）となって落ち込みます。対してその外側は、火砕流が厚く堆積してできた丘が波打つように続きます。晴れた日に外輪山の上を車で走り、それらを見渡すと本当に気分よく、いわゆる「箱庭的」と言われるこじんまりとした日本的な景観はどこにもありません。

阿蘇のスケールをいちばん感じることのできるビューポイントを挙げるとしたら、定番ですが大観峰（だいかんぼう）でしょう。仏様の寝姿に例えられる阿蘇五岳（あそごがく）を背景に、カルデラの北側半分がすべて見渡せます。特に晴れた秋の朝にはカルデラ内に雲海が広がり、その背後から朝日が昇ります。

外輪山の一角である大観峰から望む朝日です。カルデラには秋の風物詩である雲海が広がっており、その背景には涅槃像のシルエットに例えられる阿蘇五岳が並んでいます。写真には入りきりませんでしたが、この右側にはさらに倍近い広さのカルデラが続いています。まったく写真家泣かせのスケールです。

火山には湧水がつきものです。菊池川の源流である菊池渓谷もそのひとつで、大部分は阿蘇からの湧水が源になっています。夏でも平均水温は13℃と低く、むっとした夏の空気が川面に触れると川霧が発生します。写真は川霧に朝日が差し込み、光芒が現れた瞬間を撮ったものです。これも阿蘇の恵みの風景です。

アクセス

中岳山頂火口へは、JR阿蘇駅前から産交バスにて35分、阿蘇山西駅まで。そこから山頂火口へのループシャトルバスに乗り換える。大観峰へはJR阿蘇駅前からタクシー（大阿蘇タクシー☎0967-34-0508）を利用。

旅のアドバイス

中岳火口の見学の可否は、気象庁が発表する「噴火警戒レベル」が判断の基準になります。レベル1では「活火山であることに留意」しつつも火口周辺への立ち入りはOKですが、それを超えたレベルになると見学は不可になります。警戒レベルについては気象庁のホームページをご確認ください。レベル1であっても、火口周辺で測定された火山ガスの濃度が基準値を超えると、見学中であっても一時退去を命じられることがあります。また心臓や呼吸器に疾患のある人は見学できません。

御輿来海岸

潮の満ち引きが描く巨大砂絵

変幻自在の干潟の神秘

御輿来海岸（おこしきかいがん）

熊本県
宇土市

佐賀県太良（たら）町に入ると、国道脇に「月の引力が見える町」と書かれた看板があります。これはどういう意味なのでしょう。満潮と干潮の潮位の差が大きいことで知られている有明海ですが、そのなかでもさらに変化量が大きいのが、湾の最奥に位置する太良町です。具体的には大潮のときの平均で、約5ｍも海面が上下します。満潮と干潮は1日に2回訪れるので、単純に割るとその間隔は6時間です。わずかこの間に5ｍも海水面が変化する、これはちょっと他の場所では経験できない光景です。潮の変化は月の引力の影響が大きいので、このコピーとなったのでしょう。

有明海の特徴のひとつに、干潮時に現れる干潟がありま す。日本国内の干潟の総面積の約4割を有明海が占めるほどです。干潟の定義を整理すると、「干潮時には砂泥などによる一定の広さの地面が現れ、満潮時には海面下に沈む場所」となります。また干潟のできやすい場所は、波の影響が少ない小さな湾内や入り江、砂泥の供給が多い大きな川の河口付近などです。正直、景観が地味な干潟はほとんど見向きもされず、ひと昔前は開発の対象となりました。しかし、その多様な生態系や海水の浄化作用などが知られるようになった現在では、時勢は保護の方向に流れています。有明海でも諫早湾（いさはやわん）干拓の功罪が、双方の立場で大きく問われています。

前ページの写真は、有明海の入口付近にある御輿来海岸の夕暮れを撮影したものです。干潟の全面に広がる三日月形の模様が目を引きますが、これは潮汐の波や潮流によって干潟の砂泥が動いてできた地形です。日本各地に干潟はありますが、これほど美しい模様の現れる干潟はありません。撮影用の三脚の横に腰かけて、潮が引いて干潟が現れるのをぼんやりと眺めていましたが、すべてを見終わる頃には、その神秘にすっかり魅了されていました。

太良町にある有明海に延びる海中道路です。干潮時に姿を現しますが、満潮時には海中に沈んでしまいます。おもに漁業の荷揚げ用の作業道路で、潮が引いたとき、港に入れない船の荷揚げ時に使用します。潮の干満差が激しい有明海ならではの工夫です。この隣には海に立つ鳥居で有名になった大魚神社の「海中鳥居」があります。こちらも潮位によって景観が変化します。

干潟の表面に現れる不思議な造形です。粘土と砂がブレンドされた干潟の表土は可塑性に富み、寄せて引く静かな波の力によって、このような列をなす凹凸ができます。この造形を「リップルマーク」または「漣痕（れんこん）」と呼びます。時にはこの状態がそのまま地層中に保存され、化石となって残ることがあります。「化石漣痕」と呼ばれ、堆積当時の水の流れなどの推測に使われます。香川県三豊市の父母ヶ浜にて撮影。

アクセス

JR網田駅から御輿来海岸まで約600m、徒歩10分。展望所までは徒歩30分。タクシー（中川タクシー☎0964-27-0132）利用の場合、展望所まで約10分。熊本市内から車の場合は、国道3号から57号へ。

旅のアドバイス

御輿来海岸を訪れるベストタイミングは、干潟の模様が出る干潮時刻と日の入り時刻が重なる日です。宇土市観光物産協会のホームページには、御輿来海岸の潮位表と日没時刻をセットにした一覧表が公開されています。それを参考にするとよいでしょう。干潟を眺めるなら、その北東にある展望所から俯瞰するのがおすすめです。海岸からは徒歩30分です。車でも行けますが、途中の道が細いことと、ベストタイミングの日には午後早くに駐車場が満車となることに留意を。

鵜戸神宮の砂岩

神話の風景か、それとも異星の風景か

神話の舞台装置となった地形

鵜戸神宮の砂岩

宮崎県
日南市

宮崎県には神話にまつわる風景が数多くあります。今風に言えば、パワースポット的な風景ということになるのでしょうか。実際そのような場所と地形は密接に結びついていることが多く、シンボル的な奇岩があったり、非日常的な雰囲気の空間ができていたりと、昔から人々は地形を巧みに利用してきたと感じます。

鵜戸神宮は日向灘に面した断崖に立っています。朝日が昇る東に開けた立地は、それだけで神話の舞台にふさわしいと言えます。ここの地層はおよそ800万~150万年前に堆積した「宮崎層群」と呼ばれるもので、砂岩と泥岩が交互に重なっています。一見、沈み込む海洋プレートが堆積物を陸に押しつけてできた付加体のように見えますが、陸地と南海トラフの間にある盆地のような海底（前弧海盆と言います）で堆積した普通の堆積岩です。

鵜戸神宮の本殿は、断崖の真ん中あたりに口を開けた海食洞の中にあります。参道の階段を下り洞内に入って参拝をしますが、波の音が反響する何とも言えない不思議な空間です。海食洞は海面から約11mの高さにありますが、波がこの海食洞を削ったのは約7000年前の「縄文海進」の時代と推測されます。縄文海進とは最終氷期が終わり、世界にあった氷床が大量に解けることで一時的に起こった海面上昇です。当時、日本は縄文時代であったことからそう呼ばれています。

青い海原、大きな海食洞、それに砂岩の非日常的な造形が加わることで、鵜戸神宮の神話の風景は完成します。砂岩の造形を特徴づけているのは「コンクリーション」と呼ばれる岩の塊です。単体の岩が混じったのではなく、生物の死骸と海水が反応してできたセメント成分が砂を固めたものです。それにハチの巣状の風化が重なり、有機的で異星の大地を見るような造形ができたのです。

鵜戸神宮の本殿がおさまる海食洞の入口です。このあたりの砂岩層の厚みは平均1m以下ですが、海食洞の屋根の厚みは最大18mです。そのおかげで洞が崩れることなく残っています。また洞内の最奥には、砂岩層であるのに鍾乳石が下がって水が垂れている場所があります。「お乳水」として信仰を集めています。

数個のコンクリーションが集まったことで、その下の砂岩を侵食から守っています。大海原を背景にそびえるこの石柱は、角度によっては男性自身に見えなくもなく、周囲の有機的な形状の砂岩と相まって、神々のあふれ出る生命感のようなものを感じさせます。

アクセス

JR伊比井駅から宮崎交通バスに乗り20分、鵜戸神宮で降車。そこから徒歩10分。車の場合は、宮崎市内から国道220号を南下し約1時間。鵜戸崎の南側の海岸線を走ると自家用車専用の駐車場に着く。

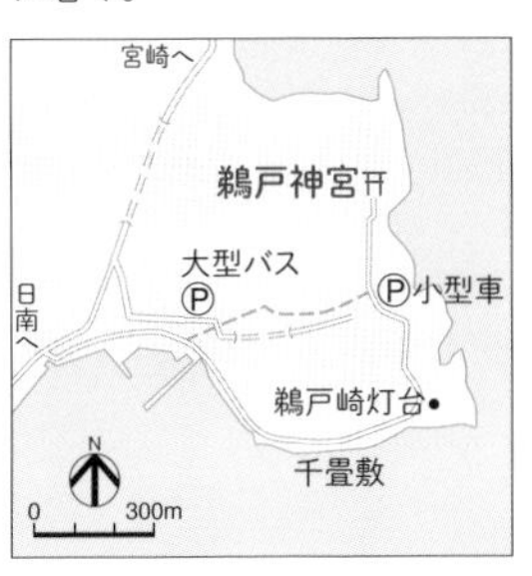

旅のアドバイス

鵜戸神宮の周辺にある地形の見どころを紹介します。まず鵜戸崎の南の海岸線には、青島や日南海岸と同じ「鬼の洗濯板」が広がっています。こちらは「千畳敷」と呼ばれています。また鵜戸崎灯台の崖下にある海食台には、神宮本殿前で見られる砂岩とコンクリーションが広がっています。その上を歩いて観察すると、まさに異星探査の気分が味わえます。ただし入口の案内や道標はなく、釣り人が歩く踏み跡程度の道なので通行には注意してください。

うのこの滝

この岩壁は、
阿蘇の破局噴火の脅威そのものである

45

阿蘇の火砕流に埋められて

うのこの滝

宮崎県
五ヶ瀬町

震災以降、テレビや週刊誌で「破局噴火」という言葉を耳にする機会が増えました。単に不安を煽るものから、川内原発の安全性に対する議論までさまざまです。破局噴火とは、カルデラの形成を伴うような桁外れに大きな噴火のことを言います。その最大の脅威は、高温の火山ガスと大量の火山灰が混然一体となって火口から高速で駆け下る大火砕流だと考えられています。私たちはそれから逃げることも、その高温から身を守ることもできません。

その火砕流のスケールについて、石黒燿の小説『死都日本』では、火山学者である主人公が大学の講義でこう例えています。1991年に発生した雲仙普賢岳の火砕流の映像を見せながら、これを1000個並べて、火口から全方位に流れ下る大火砕流をイメージさせ、さらにそれを400倍にしたものが破局噴火発生時の火砕流であると。

うのこの滝は、宮崎と熊本の県境に位置する五ヶ瀬町にあります。滝を囲むようにそびえる岩壁は、阿蘇山が12万年前と9万年前に起こした破局噴火2回分の火山灰が厚く積もってできました。この大量の火山灰を運んで来たのは火砕流です。堆積直後の火山灰は高温で自らの熱と重さで融解してしまいました。それが冷えて固まってできたのが溶結凝灰岩の岩壁です。驚くのはその岩壁の高さです。滝の落差が20mなので、目測でその倍として約40mです。積もった火山灰の厚さはそれをはるかに超えるでしょう。阿蘇山からの直線距離は約22㎞もあるのにこの堆積量です。火砕流は、流れる空気のごとく山や谷を越えて、巻き込んだ大量の火山灰をここまで運んできたのです。

大火砕流に覆われた直後は、どのような光景だったのでしょう。谷をも埋める大雪が降った後のような真っ白な世界だったのでしょうか。それとも火の海だったのでしょうか。もちろんそれを生きて見たものはいません。

写真は、うのこの滝の岩壁の最下部を撮ったものです。写真上半分の暗灰色の岩が、阿蘇山からの火砕流によってできた溶結凝灰岩です。その下にある黄土色の地層はこの場所のもともとの地表でした。事象の境目を見つけると、そこに秘められたドラマを想像してワクワクします。

宮崎県を代表する観光地である高千穂峡（うのこの滝から車で約30分）も阿蘇山からの火砕流堆積物が溶けて冷え固まってできました。峡谷の深さは最大で100mにもなります。高千穂峡で特徴的なのは、角材を並べたような柱状節理と呼ばれる岩の割れ目です。これは溶けた火山灰が冷えて固まる際に、体積が収縮することでヒビが入ってできました。

アクセス

五ヶ瀬町役場までは熊本駅と延岡駅を結ぶ高速乗合バスを利用する。予約・問い合わせは宮崎交通高速バス予約センター（☎0985-32-1000）まで。役場から滝まではタクシーを利用（五ヶ瀬タクシー☎0982-82-0047）。

旅のアドバイス

うのこの滝の豪快な景観は、隣町にある有名な景勝地・高千穂峡に勝るとも劣らない素晴らしいものです。滝壺から見上げる滝（前ページの撮影場所でもあります）がおすすめですが、高低差約100mの急な階段の下りが待っています。マムシ対策として登山靴か長靴を履くと安心です。車で行ける展望所もあります。町役場から国道213号を西に約1.5km走ったところにある「うのこの滝」の看板を目印に右折し、あとは要所にある案内に従います。溶結凝灰岩の岩塊を馬蹄形に侵食しながら流れ落ちる滝の全容が俯瞰できます。

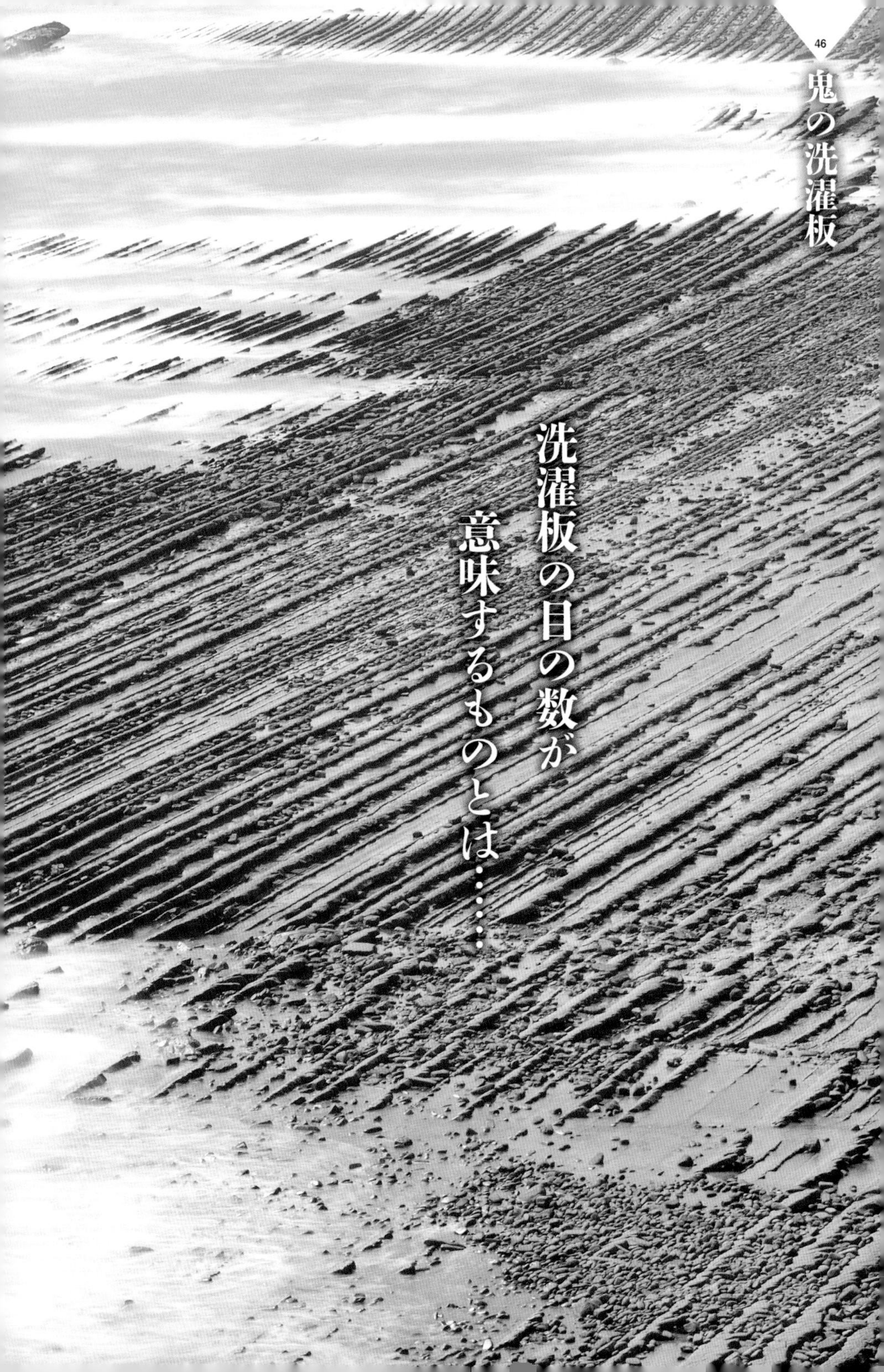

鬼の洗濯板

洗濯板の目の数が意味するものとは……

差別侵食の造形

鬼の洗濯板

宮崎県宮崎市

宮崎を代表する観光地である青島から日南市までの海岸線には、目の細かい洗濯板を並べたような岩礁が延々と続いていています。その広がりを鬼仕様と見立てたのか、一般に「鬼の洗濯板」と呼ばれています。試しに大学生の長女に「洗濯板って知ってる?」と聞いてみたところ、意外にも「知ってる」とのこと。「板の表面にナミナミがあるやつやろ」と洗濯物をこするジェスチャーつきで答えてくれました。今でも小物の洗濯用に百円ショップでも売っているそうです。

洗濯板の岩礁を側面から見ると、岸に向かって寄せる白波の列のようです。「波状岩(はじょうがん)」と呼ばれるこの地形は、砂岩層と泥岩層が繰り返し重なってできています。宮崎市の周辺では、山間部の隆起に引っ張られるように、海岸部の地層が山に向かって傾斜しています。実はこの地層の傾きが、波状岩の造形を生む「仕込み」になっています。

砂岩と泥岩は、岩全体から見れば共に硬い部類の岩石ではありませんが、双方を比較すると砂岩のほうが泥岩より硬いと言えます。その差は波による侵食量の差となって現れます。柔らかい泥岩は侵食されて、砂岩の地層だけが宙に突き出す板のように残ります。地層が山に向かって傾斜しているので、砂岩層の斜めに突き出した板の列は、遠くからは洗濯板に見え、近くからは寄せる波に見えたのです。

地層のなかの厚い砂岩層は、地震による地すべりのほかに、大雨による洪水や土石流などが原因で大量の土砂が海に流れ込むようなときにできます。それは私たちから見ると、多くの死者が出るような大水害なのでしょう。最近日本でも急増する集中豪雨や台風通過後の河川の氾濫などの報道映像が思い浮かびます。洗濯板の上に立って砂岩層を数えると、その多さに唖然とします。淡々とリズムを刻むように繰り返される災害の記録に、真の大地の営みを見たような気がしました。

上の茶褐色の層が砂岩層で、下の灰色が泥岩層です。硬い砂岩層が侵食から残って斜めに突き出しています。これを「差別侵食」と呼んでいます。「一回の土石流の堆積物」という見方をすると、重い砂粒が先に海底に堆積し、遅れて軽い泥がその上に堆積するので、手前の砂岩層とその奥の泥岩層で「一回分」となります。

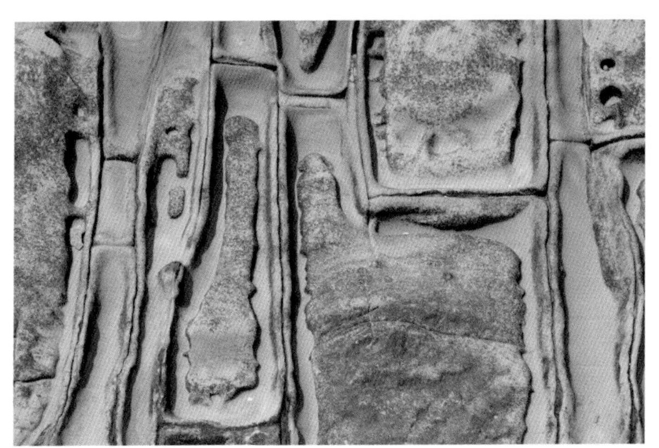

鬼の洗濯岩に近寄ると、砂岩独特のおもしろい造形が見られます。左の写真は人の手によって作られたレリーフ作品のように見える部分を切り取り撮影しています。幾何学模様をした岩の割れ目に、酸化鉄がしみ出して硬化させたため、そのまわりが侵食から残り、縁取ったように見えます。酸化鉄の赤色もアクセントになっています。

アクセス

堀切峠へは、宮交シティから日南行きの宮崎交通バスで45分の堀切峠バス停で下車。車の場合は、国道220号沿いにある「道の駅フェニックス」をめざす。青島へはJR青島駅から徒歩10分で着。

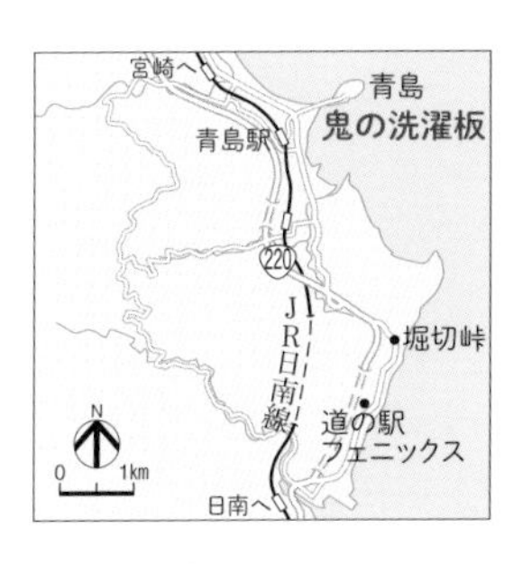

旅のアドバイス

洗濯板は満潮でも完全に水没することはありませんが、干潮の時間を狙ったほうがより広範囲に観察できます。事前に潮位を調べておきましょう。全景を眺めるなら、堀切峠からの俯瞰が最適です。前ページの写真もここから撮影しています。間近で洗濯板を見学するなら、青島がアクセスもよく便利です。砂岩と泥岩の差別侵食の様子や化石などが見られます。ただし岩が濡れていると氷上のように滑るので注意してください。被写体としてもとても魅力があり、離れて撮ってもよし、間近でおもしろい表情を探すのもよしです。

驚かないでください
これ、日常ですから

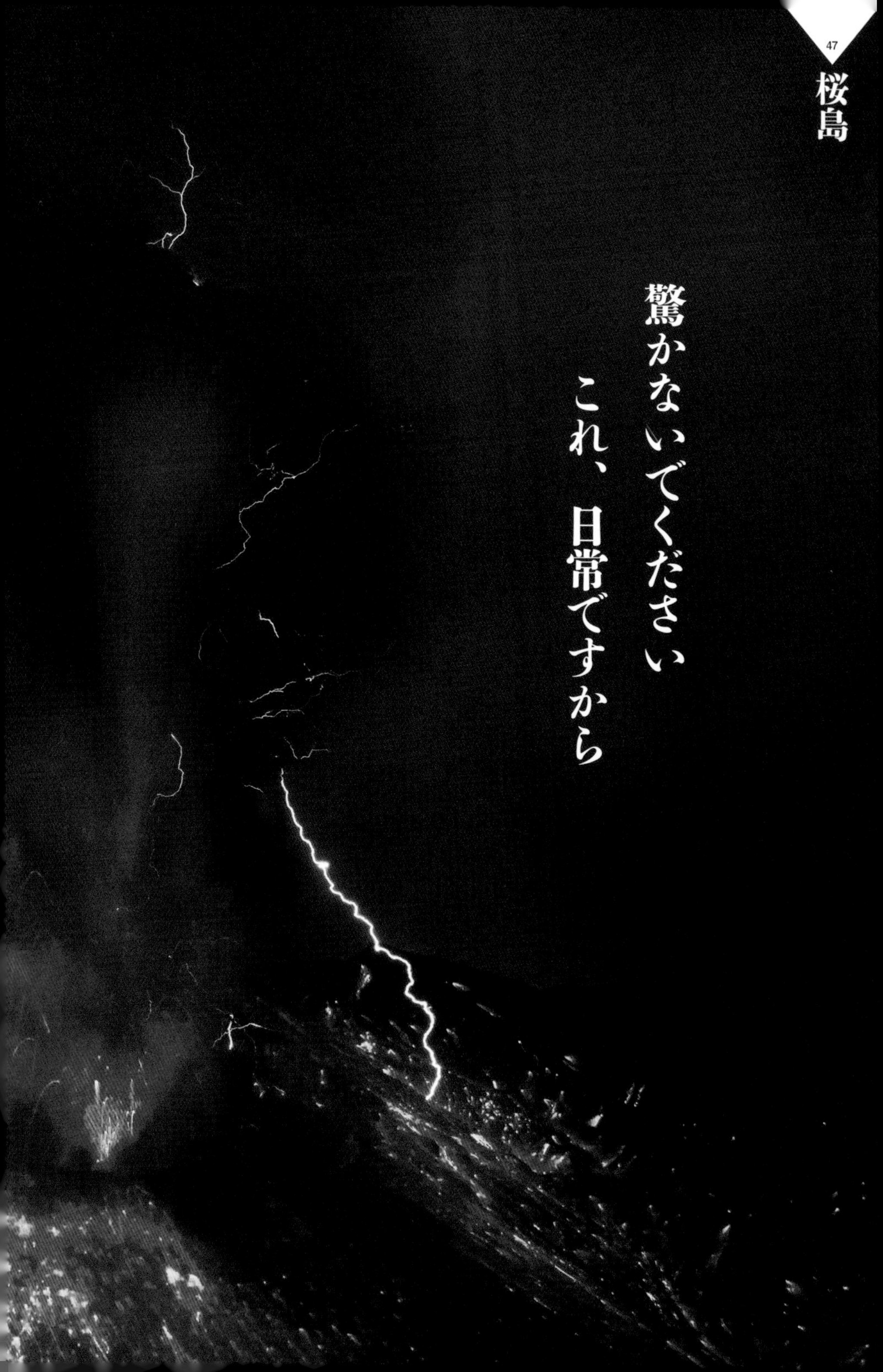

47

火山の息吹を感じる島

桜島

鹿児島県鹿児島市

桜島の噴火シーンを撮るために何度も鹿児島に通いました。「噴火を撮る」、危険なことのように思われるかもしれませんが、桜島では噴火は日常の出来事です。鹿児島地方気象台のホームページにある「県内の火山資料」では、桜島の噴火・爆発の月別の回数が過去十数年分、一覧で見ることができます。例えば２０１９年の場合は噴火が３９３回、そのうち爆発（爆発的噴火の略）が２２８回ありました。年によって数字にはかなりばらつきがあり、噴火が１０００回を超える年も珍しくありません。ちなみに噴火は、噴煙の高さが１０００m以上に達した場合に記録されます（これは桜島のみで、他の火山は１００~３００mで記録）。また爆発は、噴火時に地震があることが前提で、それに火口からの噴石、爆発音、衝撃波の発生のどれかひとつが観測されれば記録されます。

噴火の撮影はおもに夜間に行います。夜の闇を利用することで、噴石の動きが真っ赤な放物線として写るからです。また火口から噴き上がる噴石や火山灰が空中で激しくぶつかり、雷を発生させることがあります。噴火雷と言いますが、昼間なら見えない現象も、夜間ならはっきりと肉眼で確認できます。問題はいつ噴火するかがわからないことです。カメラをセットして、いつでもシャッターが押せるようにレリーズに指をかけ、アウトドア用の折り畳み椅子に腰かけて、ずっと朝まで火口を見続けるのです。

21時を過ぎると島はすっかり静かになります。人の活動音に代わって聞こえて来るのは「ゴォォォ」という火山の山鳴りです。最初のころはずいぶんと不気味に感じましたが、2度、3度と通ううちに、この音を聞くために桜島に来たと思えるほど、安堵感を覚えるようになりました。もちろん災害に直結する危険なシグナルかもしれませんが、何か大いなるものに抱かれている感覚になるのです。

桜島にはその親にあたる超巨大火山がありました。鹿児島湾の北端（桜島の北側）は、その火山が2万9千年前に破局噴火を起こした際にできたカルデラです。地図には載らない名称ですが「姶良（あいら）カルデラ」と呼びます。桜島が噴火を始めたのはその3000年後のことです。写真は湾をはさんだ対岸から眺めた桜島です。海面に島を映すのどかな風景ですが、この湾全体がカルデラだと思うと風景が違って見えます。

1914年（大正3）年に噴火したときの溶岩流の跡です。噴火から約100年を経て、今ではクロマツに広く覆われていますが、写真の左上からジワジワと流れ下った溶岩が砂浜の海岸線を断ち切り、海まで流れ出た様子がリアルに残っています。このときの溶岩流で、大隅半島と桜島が地続きになりました。

アクセス

桜島へは、鹿児島港からのフェリーと垂水市側からの陸路がある。鹿児島港へはJR鹿児島中央駅から市電で水族館口まで乗車、徒歩5分。フェリーは24時間運航している。島内は路線バスかタクシーを利用する。

旅のアドバイス

桜島は世界でいちばん監視体制の整った火山だと言えます。気象庁の発表する噴火警戒レベルを見て、3以下なら観光に支障はまったくありません。噴火の様子を観察するなら黒髪地区にある展望台がベストでしょう。昭和火口と南岳の火口が正面に見えます。ただし風向きによっては噴煙により火口が隠れることもあります。桜島には多数のライブカメラが設置されているので、視界がきく展望所をスマートフォンで確認してから移動しましょう。薄い降灰は常時あるので、顔を拭くための洗顔シートやマスクは持参しましょう。

この岩、直径25kmもある花崗岩です

屋久島

大きな花崗岩からなる島

鹿児島県屋久島町

屋久島と聞いて連想するのは、縄文杉やウィルソン株といった巨大な屋久杉ではないでしょうか。しかし屋久島は標高1800m級の山が6座もそびえる山岳島でもあります。島の主峰である宮之浦岳の標高は1936mで、西日本で第3位、九州地方では第1位の高さを誇ります。3000m級の山が連なる中部山岳に比べたら「それが何か?」と思われるかもしれませんが、ひとつの島が抱える山としてはちょっと驚きの標高と数です。少しラフな例えですが、屋久島の大きさは東西約28km、南北約24kmであり、それは東京23区から南に突き出た大田区を除いたエリアとほぼ同じです。この範囲に標高1800m級の山が6座、標高1000m以上なら45座がそびえていると想像すると、山の高まりの急激さと密度が実感できるのではないでしょうか。屋久島は日本屈指の山岳島なのです。

屋久島に高峰がそびえる理由は、この島がひとつの巨大な花崗岩の塊でできているからです。屋久島の地質図を見ると、島の外周にわずかに砂岩と泥岩からなる堆積岩の地層があるものの、そのほかはすべてと言ってよいほど花崗岩しか見当たりません。その花崗岩が生まれたのはおよそ1550万年前のことです。当時、高温だったフィリピン海プレートが西日本の下に沈み込み始めたため、その真上にあった紀伊半島から四国、宮崎、そして屋久島の地下では大量のマグマが生成されました。そのマグマが冷えて花崗岩となり、隆起して、今では西日本の各地で山となってそびえています。

屋久島の隣にある種子島は、最高地点が282mしかない真っ平らな島です。そのあまりの好対照に笑みがこぼれます。もちろんこの差は屋久島の地下だけに花崗岩の塊があったからです。それがなかったら屋久島も平らな島(そもそも島にもならなかった可能性も)だったでしょう。

花崗岩からなる山はどこも沢の水がきれいで、淵などは透けるような青色をしています。これは花崗岩が白いからで、屋久島でも山を歩いていると方々で美しい水のシーンに出会います。ヤクスギランドは観光と登山の中間的な位置づけで、整備された歩道からは苔むした屋久杉の群生と清冽な水の流れを見ることができます。

屋久島の降水量が多いことは有名です。「ひと月に35日雨が降る」と言われるほどです。その原因は1800m級の高い山が島の中央にそびえているからです。海を渡る湿った風が島にぶつかり、標高2000m近くまで急激に上昇すると、風はすぐに雲に変化し雨を降らせます。花崗岩の高まりが起点となり、屋久杉の森や水などすべてがつながっているのです。

アクセス

飛行機の場合、メインの鹿児島空港と、福岡空港・伊丹空港から屋久島空港へ乗り入れがある。船は高速艇とフェリーがある。島内は路線バス2社・タクシー3社が運行しているのでそれを利用する。

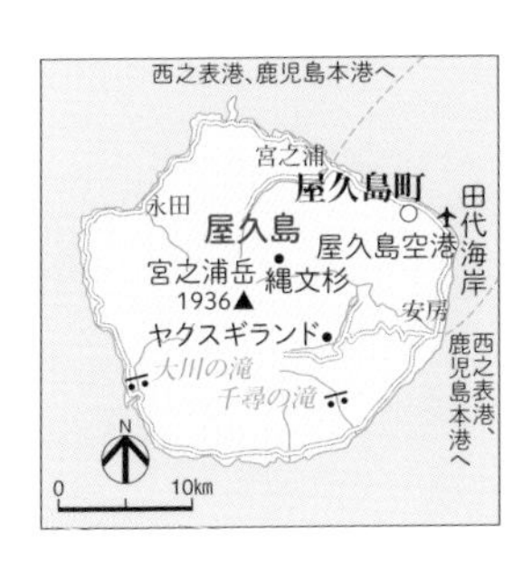

旅のアドバイス

屋久島の沿岸部での地形観察ポイントは、田代海岸の枕状溶岩（海中に流れ出た玄武岩溶岩）や、ホルンフェルス（地中でマグマに焼かれた堆積岩）としての大川の滝などがあります。また花崗岩からなる島の様子を手軽に見るなら、前ページの写真を撮った場所でもある千尋の滝がおすすめです。60mの落差を誇るみごとな滝ですが、それが小さく見えるほど、手前の花崗岩の大きさに圧倒されます。尾之間の集落あたりから見上げるモッチョム岳の姿からも、花崗岩の存在を感じます。

嘉陽層の褶曲

いま私は4000万年前の海溝の底にいます

付加体ができる現場

嘉陽層の褶曲

沖縄県
名護市

日本列島の太平洋側の海底には、列島に沿うように深い溝「海溝」が連なります。一般に海溝とは、水深6000mより深い海底のことを言います（それより浅い溝は「トラフ」と呼びます）が、なぜそのような溝ができるのでしょうか。大陸のプレートはおもに花崗岩から、海洋のプレートは玄武岩からできています。双方を比べると、花崗岩（陸）より玄武岩（海）のほうが重いので、衝突すると海洋プレートが大陸プレートの下に沈み込んでいきます。下向きにズルズルと沈む海洋プレートの角度が、海溝の深まりとなるのです。

海洋プレートは長い距離の移動を経て海溝に沈んでその幕を閉じますが、その旅の間には、陸から流れ込む砂や泥、大気中を漂っていた火山灰や塵、水中に棲むプランクトンの死骸など、さまざまものが分厚く堆積していきます。それらの堆積物は海洋プレートと一緒に大陸の下に沈み込むことはなく、その縁によってはぎ取られ、新たな陸地へと生まれ変わります。このような地塊を「付加体」と言います。実際、日本列島の土台のほとんどはこの付加体からできています。プレートの沈み込みは、地震や津波、火山噴火など日本列島に大きな災害をもたらす元凶なのですが、国土の「生みの親」でもあるのです。

私が立っているこの場所は、海溝底を埋めた堆積物がはぎ取られ、大陸に押し付けられて激しく褶曲した現場です。いわば4000万年前の海溝の底を覗いていることになります。私の中には「地層は水平なもの」という固定観念が残っているからか、ここまでの変形と、平衡感覚が狂うほど倒立した地層に取り囲まれると、居心地の悪さと恐れを感じます。深海で起こる地球のドラマを目の当たりにできるこの場所は、少々の海外旅行での出会いや驚きを超える非日常を感じさせてくれます。

明るいグレーは砂岩、濃いグレーは泥岩です。陸に近い浅海に堆積した土砂が、地震などがきっかけで深海まで崩れ落ちてたまったものです。このような地層を「タービダイト」と呼びます。再堆積する際、粒子の大きな砂粒が先に海底に達し、泥はそのあとゆっくりと降り積もります。砂と泥の層がきれいに分かれて縞模様となっているのはそのためです。

嘉陽層の褶曲は、露頭の規模の大きさ、砂泥互層が描く繊細な縞模様、褶曲のダイナミックな動き、まるで現代彫刻を見ているような感激がありました。さらに写真家としてありがたかったのは、地層に樹木や雑草の侵入がほとんどなく、岩に集中して対峙できたことです。

アクセス

路線バスは運行されているが、便数が少なく旅行者向きではない。那覇から名護まで高速バスで移動し、そこからタクシーを利用するか、那覇空港でレンタカーを借りて、高速道路経由で国道331号沿いの天仁屋をめざす。

旅のアドバイス

天仁屋川の河口にある天然記念物指定の石碑の横に車を停めます。このあたりの断崖にも褶曲が見られますが、最大の見せ場である「バン崎」までは岩礁伝いに1時間歩きます。海が荒れているときや、満潮で潮位が高いときは通行できません。バン崎での滞在時間を長く取りたいのなら、干潮時間が長い大潮の日を選びましょう。また海岸線は南向きで日陰は一切なく、熱中症には要注意です。気温が上がる真夏は避けて、春先などの穏やかな時期をおすすめします。時期を問わず飲料水はたくさん持って行きましょう。

古宇利島のハートロック

沖縄原産の石灰岩でできた、
南の島に似合う奇岩です

南の島のキノコ岩

古宇利島（こうりじま）のハートロック

沖縄県 今帰仁村（なきじんそん）

沖縄の人気観光地として、古宇利島はすっかり定番となりました。そのきっかけになったのが「ハートロック」と呼ばれるふたつの奇岩です。ビーチに下りて岩と岩が重なる位置に立つとハートに見えるというロケーションと、人気アイドルグループのCMロケ地に選ばれたことで、大勢の人が訪れるようになりました。

ただ実際には、このようなキノコ形をした奇岩は南西諸島の海岸では方々で見かけます。特に珍しいものではありません。これらは「琉球石灰岩」と呼ばれる石灰岩でできており、サンゴや貝の死骸が海中に堆積して岩になったものです。本州でセメントなどに加工される石灰岩は、赤道付近にあった火山島（ハワイ諸島をイメージ）のサンゴ礁がもととなり、海洋プレートにのってはるばる日本までやって来たものです。それに対して琉球石灰岩は、この場にあったサンゴが堆積したもので、いわば沖縄原産の石灰岩と言えます。できた時代も新しく、本州の石灰岩が4億～2億年前のものであるのに対して、琉球石灰岩は150万～70万年前とまだまだ若いのです。

キノコのくびれは打ち寄せる波の侵食によってできたもので、「ノッチ」と呼ばれます。岩礁の波打ち際に目をやると、さまざまなノッチの造形を見ることができます。

ハートロックはどのようにしてできたのでしょう。今は小さな入り江のなかにポツンと立っていますが、もともとは地続きの大きな岩場だったと思われます。正面から来る波を受けるうちに岩場は分断され、侵食により少しずつ入り江に変化していきました。岩礁の波打ち際はノッチが発達し、キノコ岩もいくつか形成されたことでしょう。そのなかでたまたま残ったのがハートロックだったのです。人為的とさえ思える美しい造形を「たまたま」残す自然に、私たちは奇跡や不思議を感じてしまうのです。

もともと①から④までは、頭が平らな地続きの岩場でした。それぞれの岩の高さが揃っていることがその証拠です。そこに、波の侵食により①と②の間のような深い切れ込みが入ります。岩場が分断された後は四方から波の影響を受けるのでノッチが発達し、①⇒②⇒③のように岩礁の体積は小さくなります。ハートロックはちょうど④に相当するのではと思います。沖縄県の伊江島にて撮影。

当然のことながら、キノコ岩はいつか倒壊して終わります。この岩について、地元の人に話を聞くと「いつ倒れたかは覚えてないが、子どものころはちゃんと立っていた」そうです。沖縄県南城市、新浜ビーチにて。

アクセス

古宇利島へのバス便はないので、那覇空港からレンタカーか、名護市からタクシーを利用する。ハートロックは古宇利大橋の反対側にあり、島を一周する道路脇に有料駐車場の看板が並んでいるのですぐにわかる。

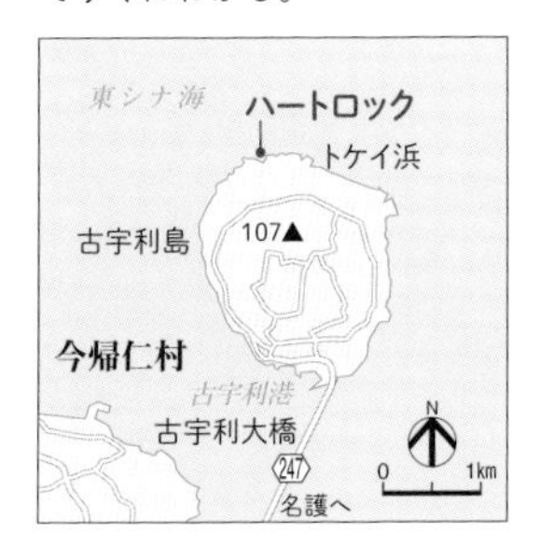

旅のアドバイス

人気の観光地なので、ハートロックは記念写真を撮る若者たちでいつも混み合っています。混雑を避けるなら朝一番がおすすめです。季節にもよりますが岩に朝日が当たり、日中よりもよい写真が撮れます。また潮位によって岩の見え方が変わるので、海面に立つ姿を望むなら潮位の高い時間を狙いましょう。ハートロックの隣にあるトケイ浜には、琉球石灰岩の岩に穴が開いたポットホールの奇岩があります。こちらは静かでのんびりと観察できます。

宮古島のティダガー

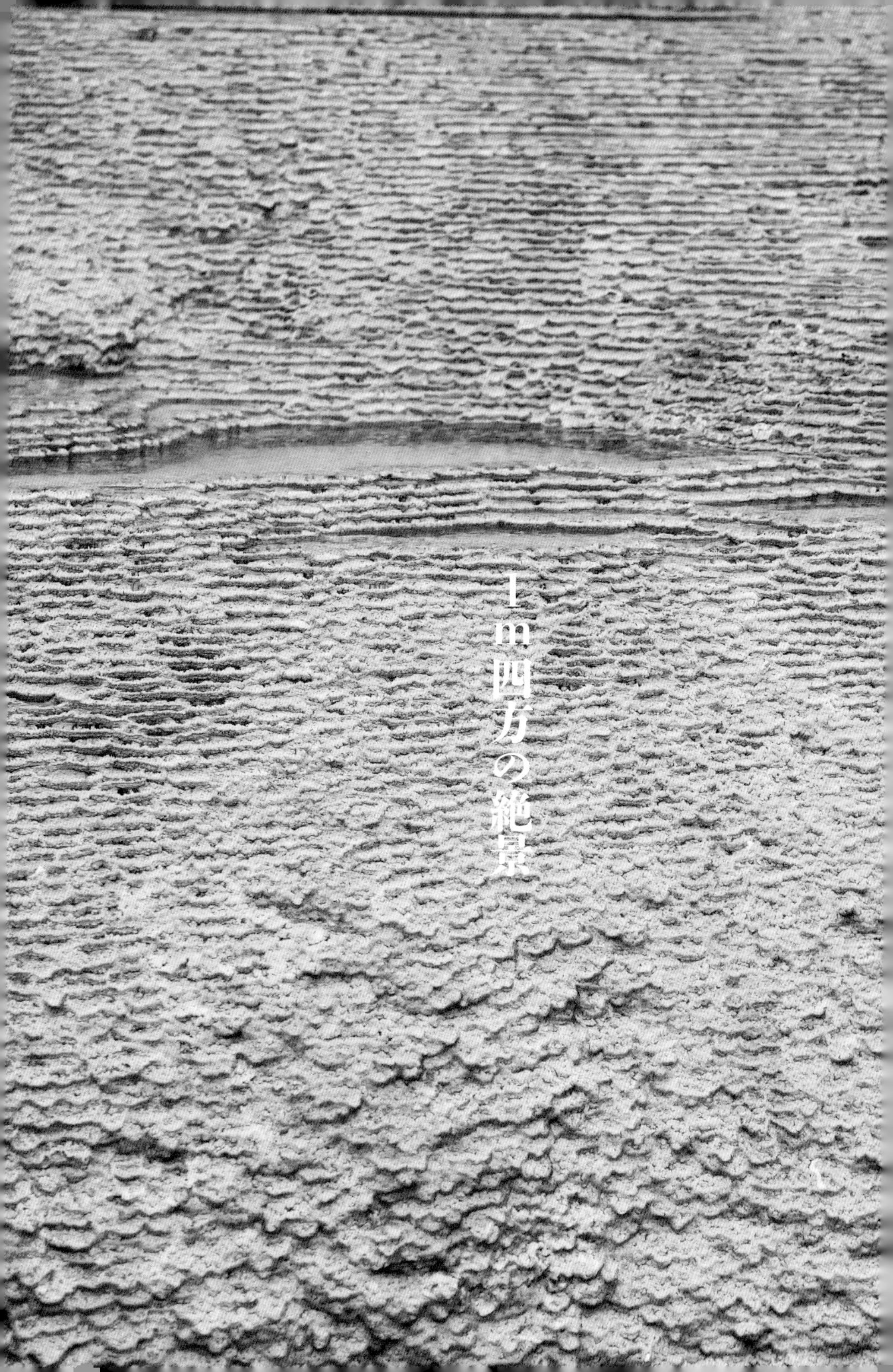

1m四方の絶景

51

白目のもとの鍾乳石

宮古島のティダガー

沖縄県
宮古島市

宮古島があるのは、沖縄本島から南西に約２９０㎞の洋上、太平洋と東シナ海の境目です。沖縄県内では4番目に大きな島ですが、島内には山らしい山はなく、標高１１５mの小高い丘が島でいちばん高い場所になります。そのようなこともあってか宮古島では空がとても大きく感じられます。海を渡ってきた積雲の列が、そのまま島の上に浮かんでいるのを見ると、「宮古の空だなぁ」と感じます。

宮古島に山がないのは、サンゴのかけらが堆積してできた石灰岩の島だからです。島はおもに3層の地層からできており、表層は石灰岩が風化してできた赤土（島尻マージ）、中間が50万～20万年前に堆積したサンゴ礁由来の琉球石灰岩、そして基盤となっているのが中国大陸から流れ出た砂泥が海底で堆積してできた泥岩層です。

宮古島には海に流れる川が一本もなく、降った雨のほとんどは地中の石灰岩層までしみ込みます。ただ最下層の泥岩層は水を通さないので、その境目には地下水が流れており、湧き水として地表や海中に出ていきます。これを貯めるために地中に巨大な人工壁を造ったのが、有名な「地下ダム」です。この事業の成功で宮古島から渇水の心配がなくなったのです。

「ティダガー（太陽泉）」と名づけられた湧き水があるのは、島の東端に突き出た東平安名崎（ひがしへんなざき）の付け根です。島の地層は東が高く、西に向かって傾斜しています。そのため東平安名崎周辺の海食崖には、石灰岩層と泥岩層の境目が露出しており、湧き水が各所で出ています。ティダガーでは湧き水に含まれる石灰岩の成分が再結晶して、その流れに沿って棚田のような鍾乳石の造形（リムストーン）が広がっています。台風で海が時化たときは、間違いなくこのあたりまで波が来ます。このような環境の野外でも、鍾乳石によるデリケートな地形ができるのだと驚きました。

ティダガーのリムストーンです（写真の右上に見えているのは東平安名崎です）。湧き水に含まれる石灰成分が少しずつ成長してできました。似た地形として有名なのは山口県の秋芳洞にある「百枚皿」ですが、こちらは野外にあることがとても珍しいと、2016年に国の天然記念物の指定を受けました。観察の際は、露出している琉球石灰岩の上を歩き、鍾乳石を踏まないようにしましょう。

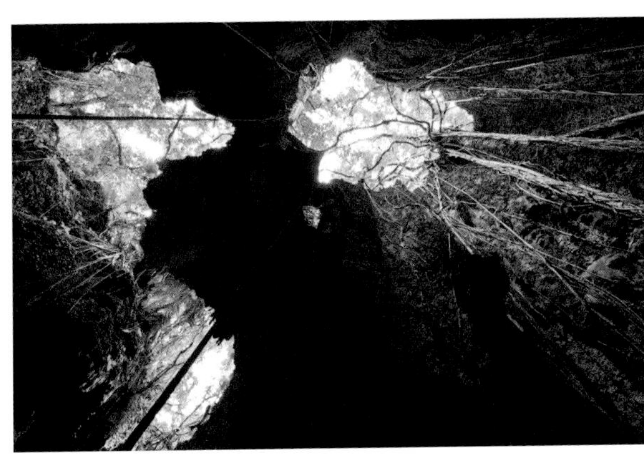

宮古諸島の伊良部島にある「ヌドクビアブ」の鍾乳洞跡です。すでに天井が崩落し、地上に生えるガジュマルの根が洞内に垂れ下がり、独特の景観になっています。琉球石灰岩でできた南西諸島の島々には、カルスト地形の見どころがたくさんあります。沖縄の観光のメインは海なので、こちらまでやって来る人は少なく、穴場的存在ですが見応えは十分あります。

アクセス

宮古空港への直行便（1日1〜2便）は、羽田空港、関西空港、中部空港からのみ。そのほかは那覇空港で乗り継ぐ。那覇〜宮古間は1時間弱のフライトで便数も多い。空港からはレンタカー、タクシー等を利用。

旅のアドバイス

ティダガーへの道は不明瞭で、案内の標識なども一切ありません。危険な箇所の通過があるので、おそらく意図的だろうと思われます。また潮位の変化や波の様子にも気を配る必要があります。断崖が迫る海岸なので、高い波が来た場合は逃げる場所がないのです。安全にティダガーに行くには、マリンショップなどがやっている有料のガイドツアーに参加するのがよいでしょう。海上からならアプローチも短く、プロガイドが同行しているので海の状況判断も任せられます。

用語解説図集

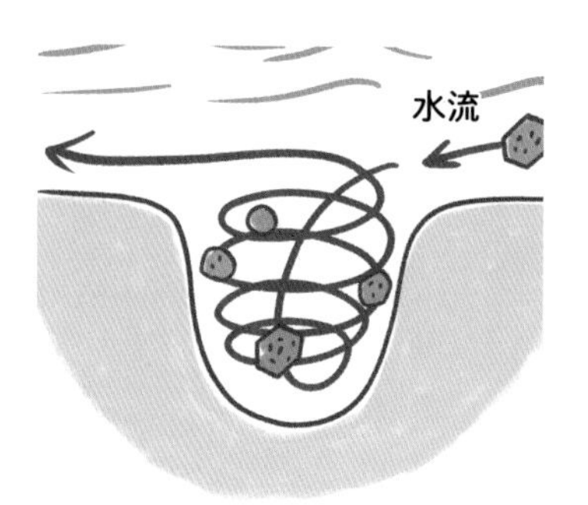

1 甌穴（ポットホール）

⇒平根崎（P52）・かんのん浜（P84）・滝の拝（P128）

甌穴ができるきっかけは、断層や節理による割れ目や岩の表面の小さな窪みが考えられます。水流に混じった砂や泥がやすりのように岩肌を研磨し、ある程度まで穴が大きくなったら小石などがそれに加わります。

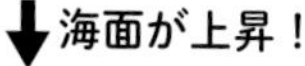

2 溺れ谷

⇒九十九島（P176）

海面の高さが変わると地上の景観も変化します。侵食が進む険しい山と谷が海面下に沈むと、出入りの激しい複雑な海岸線（リアス式海岸）と多数の島々が現れます。急激な海面上昇の要因のひとつとして氷河の融解が挙げられます。

3 火山

⇒富士山（P92）・東尋坊（P112）・桜島（P200）

地中深くで生成されたマグマは、地下4～2kmあたりまで上昇すると浮力をなくし、一旦そこにたまります。これがマグマだまりです。火山の内部は複雑です。火口に通じる火道をはじめ、出口を求めて上昇中に冷えて固まった岩脈や、地層の間に広がった岩床などがあります。噴出物もさまざまで、溶岩が飛ぶ火山弾や、破片や岩塊として放出される火山灰や火山礫などがあります。

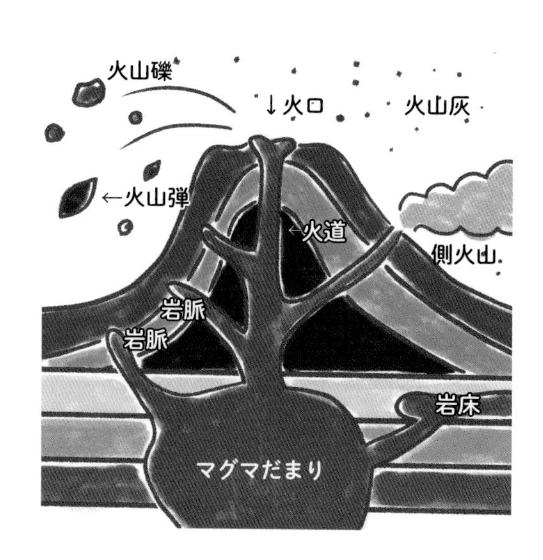

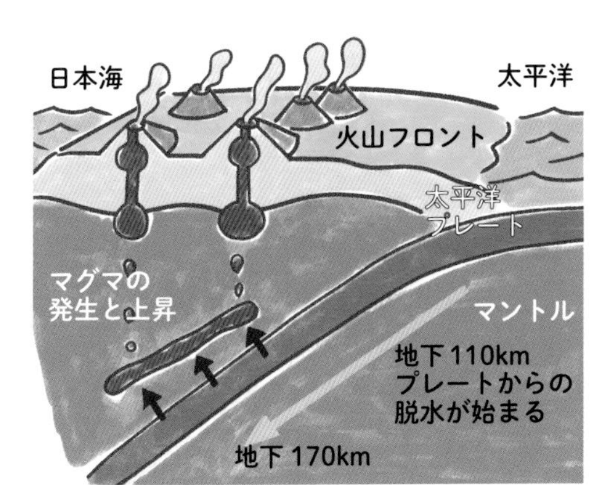

4 火山フロント

⇒蔵王連峰（P44）

マグマが生成されるためには、海洋プレートから放出される水が必要です。プレートが地下110km以下に沈んだあたりから脱水が始まり、放出された水はマントルと反応しその一部を溶かしてマグマをつくります。プレートは板状なので、その深度が110km以下になるライン上に火山が並びます。海溝側の火山が並ぶ線を火山フロントと呼びます。

5 カルスト地形

⇒帝釈峡（P132）・秋吉台（P148）・ティダガー（P216）

石灰岩が二酸化炭素を含んだ雨によって溶けてできた地形全般をさします。地上では、雨水がしみ込んでできた穴状のドリーネ、ドリーネが連結したウバーレ、石灰岩が石柱状に溶け残ったピナクル、溝状のカレンなどが見られます。地下では鍾乳洞がさまざまな造形を見せています。

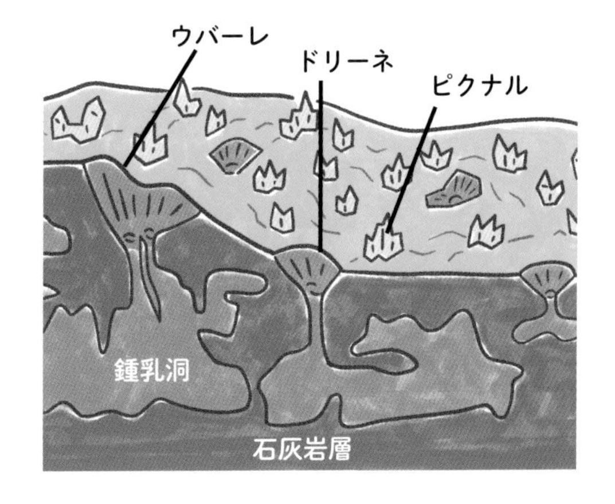

6 カルデラ

⇒アトサヌプリ（P20）・鎧岳（P116）・隠岐（P140）・阿蘇山（P180）・桜島（P200）

カルデラは、マグマだまりに向かって地上が陥没してできた地形です。カルデラを取り囲む山を外輪山、カルデラ内の湖をカルデラ湖、カルデラ内に新たにできた火山を中央火口丘と呼びます。

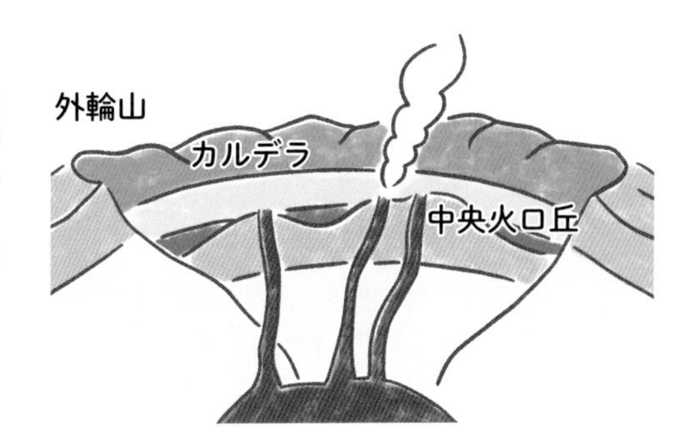

7 岩脈

⇒蛇石（P96）・橋杭岩（P124）

地層に割って入った（貫入）マグマがそのまま冷えて固まったもので、板状の岩体になります。崖などでは岩脈が帯状に入っているのが見えます。また周囲が侵食されてなくなり、硬質な岩脈だけが残ることがあります。

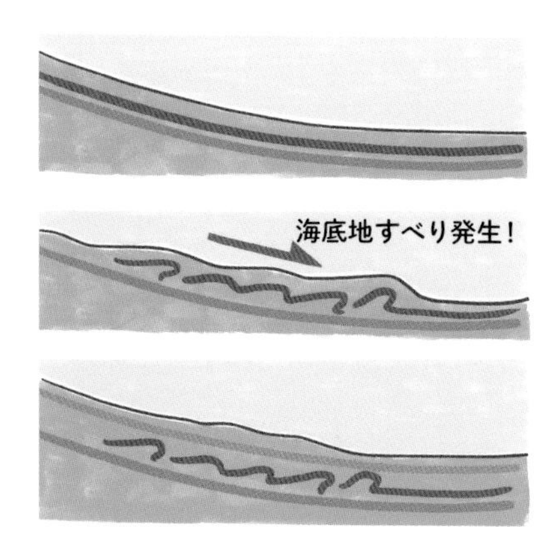

8 スランプ構造

⇒田塚鼻（P56）・三崎層（P80）・室戸岬（P164）

海底の斜面に積もった堆積層が、地震や自重によって崩れてできたものです。半凝固状態で崩れた場合、地層が断裂したり曲がったりとその様子がリアルに残ります。崩れた層の上下が、平穏に堆積するのも特徴です。

9 タフォニ（塩類風化）

⇒見残し海岸（P168）・鵜戸神宮（P188）

波しぶきが岩にかかると岩の中で海水中の塩分が結晶化し、その圧力で岩の一部を壊します。イラストではわかりやすいように大きな穴で描きましたが、実際は砂粒ひとつを飛ばす程度のものです。

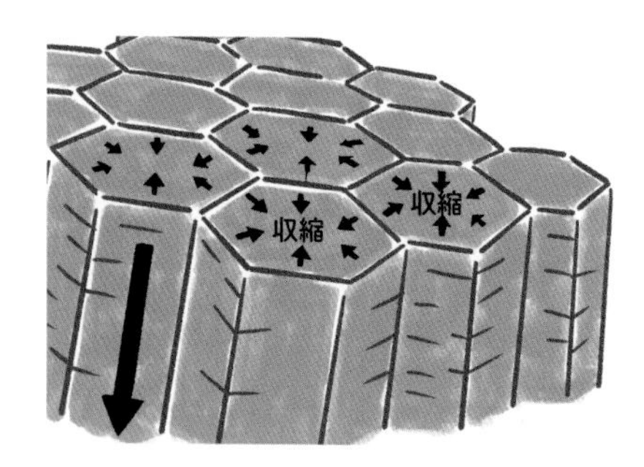

10 柱状節理

⇒奥日光（P72）・東尋坊（P112）・鎧岳（P116）・七ツ釜（P172）

溶岩が冷える際は堆積が縮小し、そのひずみが表面の六角形の割れ目となって現れます。縦の割れ目は、溶岩が冷える進度に合わせて少しずつ入っていきます。柱状節理は溶岩だけでなく、溶結凝灰岩でも見られます。

11 氷食地形

⇒一ノ倉沢（P60）・槍・穂高連峰（P100）

氷河は河川による侵食とは異なる地形をつくります。厚く氷雪が堆積する氷河の源頭部は、その重みで山体がお椀状に丸く削られ、カールと呼ばれる地形がつくられます。カールが集まる山頂は、ホルンと呼ばれる鋭く尖った形になり、カールとカールが背中合わせに接する尾根は、ナイフのようなアレート（鎌尾根）が形成されます。氷河が流れる谷はその断面がU字型になります。それは固体である氷が谷底全体を削るからで、川が削るV字型と区別されます。氷河が削った谷をU字谷と呼びます。

12 変成岩

⇒長瀞（P76）・須佐（P152）

高熱による接触変成岩ができるのは地中深くにあるマグマの隣に限定されます。広域変成岩は、海洋プレートが引きずり込んだ岩石が地下の高圧・高温（300°C以上）でゆっくりと変成作用を受けたものです。できる場所は沈み込み帯の10km以深です。

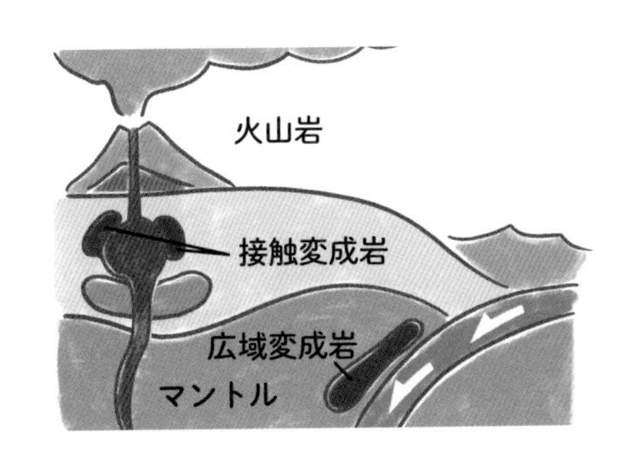

13 枕状溶岩

⇒潜岩（P48）

サラサラの玄武岩質溶岩が海中に流れ出ると、海水に急冷されて溶岩の外側は一瞬で固まります。しかしすぐに内側の溶岩の押す力と高温によって破られて、再び海中にあふれ出ます。これを繰り返しながら広がっていきます。

地形を撮るということ

本書のサブタイトルに「地形写真家」という文言を入れたのは私自身です。２０１６年に今後のライフワークとして地形を撮ると決めてから、名刺の肩書も写真家から地形写真家に変更しました。自分の撮影の方向性と、撮った写真に対して科学的な責任を負うという決意の表明でもあったのです。

地形を撮ってみようと思ったのは、実は今回が初めてではありません。30年前、私の写真は山岳写真からスタートしました。当初は山（おもに槍・穂高連峰）の険しさや四季の移ろいにカメラを向けていましたが、徐々に造山や氷食など地形的要素に惹かれるようになりました。しかし当時はインターネット環境が今ほど整ってはおらず、一介の素人がその知識を得るのは至難の業でした。信州大学教授の原山智先生が発表された槍・穂高連峰の地質図を購入しましたがさっぱり内容が理解できず、それまで「ひん岩」だと言われていた穂高岳の岩石は「穂高安山岩類」だったと言われても私にはお手上げでした。結局、星空や月光で岩稜を撮影した幻想的な雰囲気の写真を多用して『ZEUS』というタイトルの写真集にまとめました。

また10年くらい前に、おそらくご本人は忘れておられると思いますが、日本を代表するアートディレクターである三村淳氏のご自宅にお邪魔し、プリントの束を見ていただいたことがあります。そのころは南紀の熊野を撮っており、日本人の自然信仰をテーマにしていました。すべて見終わると、三村さんは「イメージで自然を語った写真は弱いよ」とアドバイスをくださいました。自分のテーマについて明確な言葉にし切れないまま、例えば霧雨に煙る山並みや陰影の強い光線に原始的な自然信仰のイメージを託しても、表現としては限界があると指摘されたのです。結局そのテーマは結実できずに終わりましたが、そのときいただいた言葉は私の中にずっととどまっています（今回、縁あってそのご子息である三村漢氏にブックデザインをお願いできたのは、個人的には大変な喜びです）。

冒頭に自分の写真に科学的な責任を負うと書きましたが、これは三村淳氏の言葉が身にしみているからでもあり、ふたたび写真集『ZEUS』のように、地形を「悠久」という抽象的な言葉で語らないようにするためです。それには科学的な知識の裏打ちが必要ですが、今回幸いだったのは、時代が変わり情報を得る環境が整っていたことでした。何よりネットで検索すれば、専門家によるブログはもちろん、学会誌で発表された論文も読むことができます。その気になれば基礎的な学習はそれほど難しいことではありません。意外だったのは、本編にも書きましたが、自分の知識が深まれば見えてくる地形の中身が変わることです。同じ場所に出かけても、前回見えなかった地形が今回は見えるということは大きな喜びでした。今さらながら自然は偉大であり、こちらの狭いイメージを押し付けることがどれだけ愚かであるかということを知った次第です。まだまだ未熟で知らないことだらけですが、これからも「伝わる学術写真」をモットーに、地形・地質の学習と撮影現場の往復を繰り返していきたいと思います。

最後に、静岡大学教授である狩野謙一先生に原稿のチェックをしていただけたことは、望外の喜びでした。年末年始のお忙しいときに拙い原稿に目を通していただき、感謝の気持ちでいっぱいです。もし本書の内容に大きな間違いがあったなら、それは狩野先生のご指摘を理解しきれなかった私の責任です。

２０２０年１月　竹下光士

●主な参考文献
『日本列島の誕生』平 朝彦（１９９０年 岩波書店）
『絵でわかる日本列島の誕生』堤 之恭（２０１４年 講談社）
『日本列島の下では何が起きているのか』中島淳一（２０１８年 講談社）
『槍・穂高　名峰誕生のミステリー』原山 智、ほか（２０１４年 山と溪谷社）
『日本の地形・地質』斎藤 眞、ほか（２０１２年 文一総合出版）
『三つの石で地球がわかる』藤岡換太郎（２０１７年 講談社）
『北海道自然探検』日本地質学会北海道支部監修（２０１６年 北海道大学出版会）
『伊豆の大地の物語』小山真人（２０１０年 静岡新聞社）
『石ころ博士入門』高橋直樹、ほか（２０１５年 全国農村教育協会）
『佐渡島の自然（地学編）』神蔵勝明・小林巖雄編（２０１３年 佐渡市教育委員会・佐渡ジオパーク推進協議会）
『日本の地質構造１００選』日本地質学会 構造地質部会編（２０１２年 朝倉書店）
その他、書籍、各地自治体・ジオパークのウェブページやパンフレット、論文など、多数を参考にしました

■写真・文　竹下光士／たけした・みつし
1965年、京都市生まれ。1989年、武蔵野美術大学油絵学科卒業。2016年、活動タイトルを「GEOSCAPE」として地形撮影を開始。著書に、写真集『ZEUS』『天の刻』（共に青菁社）、『京都撮影四季の旅』（三栄書房）、『長時間露出のすべて』『朝景・夕景撮影のすべて』（共に日本写真企画）がある。現在、京都市に在住し、国内外の地形を取材中。
HP http://geo-scape.com/　メール bamboosita@ybb.ne.jp

■監修　狩野謙一／かの・けんいち
1947年、東京都生まれ。1972年、東京大学理学部卒業。1974年、同大大学院理学系研究科修了。1979年、理学博士。同年より2013年まで静岡大学にて教鞭を執るとともに、おもに構造地質学の分野で多数の業績を残す。静岡大学名誉教授、元構造地質研究会会長。著書に、『構造地質学』（朝倉書店）、『伊豆半島南部のジオガイド』（山と溪谷社）など。

GEOSCAPE JAPAN
ジオスケープ・ジャパン
地形写真家と巡る絶景ガイド

2020年3月5日　初版第1刷発行

著　者　竹下光士
発行人　川崎深雪
発行所　株式会社山と溪谷社
〒101-0051　東京都千代田区神田神保町1丁目105番地
https://www.yamakei.co.jp/

■乱丁・落丁のお問合せ先
山と溪谷社自動応答サービス　☎ 03-6837-5018
受付時間／10:00-12:00、13:00-17:30（土日、祝日を除く）
■内容に関するお問合せ先
山と溪谷社　☎ 03-6744-1900（代表）
■書店・取次様からのお問合せ先
山と溪谷社受注センター　☎ 03-6744-1919／FAX03-6744-1927

印刷・製本　株式会社光邦

ISBN978-4-635-55021-5

定価はカバーに表示しています。

装丁・本文デザイン　三村 漢（niwa no niwa）
地図制作・DTP　千秋社
イラスト図版　ヨシイアコ
校正　與那嶺桂子
編集　吉野徳生（山と溪谷社）